Dr. Carmen Rohrbach

Unser Vogelhäuschen

Futterhäuschen und Nistkästen
selbst gebaut
Mit vielen Bauanleitungen

Franckh-Kosmos

Impressum

Mit 15 Farbfotos von: Alfred Limbrunner, Dachau: 35 o., 35 u.; Lorenz Heckelmann & Söhne, Burkardroth-Waldfenster: 17; Reinhard-Tierfoto, Heiligkreuzsteinach-Eiterbach: 18 o., 18 u., 36 o., 36 u., 37, 55 o. l., 55 o. r., 55 u., 56; Dr. Carmen-Rohrbach, München: 38 o. l., 38 o. r., 38 u.

Mit 30 schwarzweißen Zeichnungen von: Bernd Burkart, Stuttgart: 12, 13, 14, 16, 20, 26, 29, 33, 40, 41, 43, 44, 45, 46, 49, 51; Marianne Golte-Bechtle, Stuttgart: 1, 2, 19, 42, 54, 62; Gabriele Hampel, Kelkheim: 10, 11, 22, 58

Folgende Zeichnungen sind dem Buch entnommen: G. Steinbach (Hrsg.): Werkbuch Naturschutz. Franckh-Kosmos 1988: 12, 13, 14 l., 16, 29, 43, 44, 45, 49, 51

Umschlaggestaltung von Atelier Reichert, Stuttgart, unter Verwendung von vier Farbfotos von Reinhard-Tierfoto, Heiligkreuzsteinach-Eiterbach (Vorderseite, großes Bild) und Alfred Limbrunner, Dachau (Vorderseite, beide kleinen Bilder, und Rückseite).

Vignetten von Marianne Golte-Bechtle, Stuttgart

Die Deutsche Bibliothek –
CIP-Einheitsaufnahme

Rohrbach, Carmen:
Unser Vogelhäuschen : Futterhäuschen und Nistkästen selbst gebaut ; mit vielen Bauanleitungen / Carmen Rohrbach. –
2. Aufl. – Stuttgart : Franckh-Kosmos, 1992
ISBN 3-440-06567-7

2. Auflage, 1992

ISBN 3-440-06567-7
Printed in Germany / Imprimé en Allemagne
Satz: G. Müller, Heilbronn
Herstellung: Chemnitzer Verlag und Druck GmbH, Zwickau

Alle Angaben in diesem Buch sind sorgfältig geprüft und geben den neuesten Wissensstand bei der Veröffentlichung wieder. Da sich das Wissen aber laufend in rascher Folge weiterentwickelt und vergrößert, muß jeder Anwender prüfen, ob die Angaben nicht durch neuere Erkenntnisse überholt sind. Dazu muß er zum Beispiel Gebrauchsanweisungen und Gesetze beachten.

Aus Gründen des Urheberrechts muß ausdrücklich darauf verwiesen werden, daß die Bauanleitungen geschützt sind und daher für gewerbliche Zwecke nicht genützt werden dürfen.

Unser Vogelhäuschen

Vorwort 6

1. Futterhäuschen 7
Hilft die Winterfütterung den Vögeln? 7
- Füttern oder nicht füttern? 7

Bau von Futterhäuschen 9
- Das einfache Futterhäuschen 10
- Das Luxusfutterhaus 11
- Das Silofutterhaus 11

Bau von Futterstellen 13
- Futterstamm für Spechte 13
- Futterplatz für Eulen und Greifvögel 14
- Füttern der Wasservögel 16

Das Aufstellen des Futterhäuschens 19
- Im Garten 19
- Auf der Außenfensterbank, der Terrasse oder dem Balkon 19

Wann wird gefüttert? 20
Was wird gefüttert? 21
- Futtermischung für Körnerfresser 21
- Futtermischung für Weichfresser 23

Reinigung 23
Bemerkung zum Schluß 24

2. Nisthilfen 25
Nistkästen 25
- Helfen wir den Vögeln mit dem Nistkasten? 25
- Bau eines Nistkastens für Höhlenbrüter 25
- Gekaufte Nistkästen 28
- Welche Vögel brüten im Nistkasten? 28
- Wann werden Nistkästen aufgehängt? 28
- Wie werden Nistkästen aufgehängt? 29
- Wie viele Nistkästen können aufgehängt werden? 30
- Nistkastenkontrolle 31
- Nistkastenreinigung 32
- Schutz vor Nesträubern 33
- Die Vögel wollen den Kasten nicht annehmen 39

Andere Nisthilfen 39
- Bau eines Nistkastens für Halbhöhlenbrüter 39
- Bau eines Baumläuferkastens 40
- Hilfe für Wasseramseln 42
- Hilfe für Schwalben 42
- Hilfe für Mauersegler 44
- Hilfe für Turmfalken 45
- Hilfe für Hohltauben 46
- Hilfe für Eulen 46

Hilfe für Freibrüter 50
- Nester von Freibrütern sind gefährdet 52

Welche Arten brauchen die Hilfe von Fachleuten? 52

3. Vogelbad und Tränken 53
Bäder und Tränken für Vögel 53
- Teich 53
- Schalen 54
- Autoreifen 54
- Ständertränke 54
- Ausgehöhlter Baumstamm 54

4. Naturgarten für Vögel 57
Der Naturgarten 57
Nisthilfen für Insekten 57
- Das Brutholz 58
- Das Stengelbündel 58
- Das Hummelnest im Blumentopf 59
- Unterschlupf für Ohrwürmer 59
- Winterquartier für Florfliegen 59

5. Vogelbeobachtungen 60
Wie werden Vögel beobachtet? 60
- Bestimmung der Vögel 60

Das Verhalten der Vögel 62
- Beobachtungen am Futterhäuschen 63
- Beobachtungen am Nistkasten 63
- Einzelne Verhaltensweisen 64

6. Anhang 69
Nachwort 69
Adressen 69
Weiterführende Literatur 70
Bezugsquellen 71
Register 71

Vorwort

Innerhalb der Tierwelt sind die Vögel immer diejenige Gruppe gewesen, die auf den Menschen eine besonders starke Anziehungskraft ausübte. Einige Vogelarten konnten sich der vom Menschen veränderten Umwelt anpassen, sind uns sogar in die »Steinwüsten« der Städte gefolgt. Es ist eine glückliche Bereicherung, wenn wir in unserer an »Lebendigem« verarmten Umwelt vertrauensvoll eine Amsel auf der Terrasse brüten sehen und wir beobachten, wie die Meiseneltern emsig ihre Brut im Nistkasten füttern oder im Winter die Vögel ans Futterhaus kommen.

Das Aufhängen von Nistkästen und die Winterfütterung verhindern nicht das Aussterben von Vogelarten. Wir aber lernen dabei die Vögel, ihre Verhaltensweisen und Bedürfnisse kennen und verstehen. Durch solche Erfahrungen erhöht sich vielleicht unsere Bereitschaft, wirklich etwas für die Erhaltung der Vogelwelt zu tun. Den »stummen Frühling« können wir nur abwenden, wenn wir die natürlichen Lebensräume erhalten und wiederherstellen. Jeder kann seinen Beitrag leisten und zuerst im eigenen Garten damit beginnen. Ratschläge dazu finden Sie in anderen Büchern. Dieses Buch will Fragen beantworten, die sich aus dem Umgang mit Vögeln am Futterhaus und im Nistkasten stellen. Gleichzeitig möchte dieser Ratgeber Anregungen geben zum Weiterdenken und zum Sich-Weiterinformieren. Es soll zu einem verantwortlichen Verhalten gegenüber der belebten Natur hinführen.

Hilft die Winterfütterung den Vögeln?

Wer jeden Winter seine Freude an den gefiederten Gästen vor dem Fenster hat, wird bei der Frage, ob Winterfütterung hilft, erstaunt antworten: »Die Vögel finden doch keine Nahrung, wenn hoher Schnee liegt und es eisig kalt ist. Deshalb sind sie auf unsere Hilfe angewiesen. Sonst würden sie verhungern und erfrieren!« Gewiß helfen wir einzelnen Vögeln, die sich in unserem Futterhäuschen satt essen. Rettet dies jedoch die Vogelarten vor dem Aussterben? Die Antwort auf diese Frage ist eindeutig: Nein! Alle wissenschaftlichen Untersuchungen zeigen: Durch die Winterfütterung kann keine einzige bedrohte Vogelart erhalten werden.

Füttern oder nicht füttern?

Jeden Winter entbrennt erneut der Streit über die Vogelfütterung. Die widersprüchlichsten Argumente hört man heutzutage. Der Vogelfreund wird dadurch verunsichert und weiß nicht, was er tun soll.

Betrachten wir einmal das Problem vom Vogelschutz aus. Zählen Sie die Arten auf, die Sie am Vogelhäuschen beobachten. Es sind nicht viele. Es kommen vor allem Kohlmeisen, Blaumeisen, Buchfinken, Amseln, Türkentauben, Grünfinken und Spatzen. Alle diese Arten sind überhaupt nicht gefährdet. Außerdem haben sich Vögel, die den Winter bei uns verbringen, an die kalte Jahreszeit und ihre Schwierigkeiten hervorragend angepaßt. Sonst hätten sie nicht überlebt, als es noch keine Menschen und keine Winterfütterung gab.

Der Mensch greift durch die Futterhilfe in die Auslese ein. Er hilft Tieren über den Winter, die wegen ihrer schwächlichen Konstitution sonst vielleicht nicht überleben würden. Damit kann auf Dauer das gesamte Erbgut der Art in eine unerwünschte Richtung verändert werden: Die Tiere verweichlichen. Sie sind nicht mehr fit genug, den alltäglichen Überlebenskampf zu bestehen.

Wenn durch unsere Hilfe zu viele Vögel überleben, dann ist im Frühjahr der Kampf um die Reviere besonders heftig. Die meisten müssen sich mit viel zu kleinen Gebieten begnügen, die nicht ausreichend Nahrung zur Jungenaufzucht liefern. Die Eltern haben wir also im Winter gerettet, dafür verhungern jetzt ihre Kinder.

Doch nicht nur untereinander machen sich die Vögel, die wir im Winter am Leben erhalten haben, Konkurrenz. Sie besetzen auch die Reviere der Zugvögel. Wenn diese im Frühjahr, geschwächt vom langen Flug, zurückkehren, finden sie nicht mehr ausreichend Nahrung und Nistplätze. So kann die Winterfütterung gerade für seltene und bedrohte Arten zur Gefahr werden.

Futterhäuschen

Am Vogelhäuschen treffen viele Tiere aufeinander. Wenn ein Vogel krank ist, können sich die anderen anstecken. Tatsächlich werden die Vögel in milden, feuchten Wintern oft von Salmonellen befallen. Das sind Bakterien, die eine gefährliche Darmerkrankung auslösen. Die Tiere sitzen dann teilnahmslos mit aufgeplustertem Gefieder im windgeschützten Futterhaus oder in der Nähe herum und gehen nach einigen Tagen zugrunde. Bis dahin haben sich aber schon viele andere infiziert. Auf diese Weise lassen oft mehr Vögel ihr Leben, als wir durch die Winterfütterung retten. Die Tiere gewöhnen sich an einen Platz, an dem sie ständig Futter finden. Wenn wir dann bei besonders rauhem Wetter vergessen zu füttern oder gerade verreist sind, verhungern die Tiere, die von unserer Hilfe abhängig geworden sind. Die Gewöhnung an das Dauerangebot birgt noch eine weitere Gefahr. Weil die Wintergäste verlernen, sich selbst Futter zu suchen, bieten sie dann im Frühjahr ihren Jungen Körnerfutter an. Die Vogelkinder brauchen aber tierisches Eiweiß in Form von Insekten, Würmern und anderen niederen Lebewesen. Deshalb dürfen wir auf keinen Fall im Frühjahr noch weiter füttern und müssen auch das Futterhaus und den Boden von Futterresten säubern.

Als Argument für die Fütterung wird oft genannt: »Weil der Mensch den Lebensraum und das Nahrungsangebot der Vögel bereits so stark eingeschränkt hat, ist die Winterfütterung als Ausgleich notwendig.« Nun, es ist sehr wichtig, daß viele Menschen einsehen, daß wir etwas für die Natur und ihre Lebewesen tun müssen. Aber: Es ist manchmal das Falsche bei den falschen Arten! Einen Gesichtspunkt möchte ich vor allem herausstellen: Jedes Jahr wird in Deutschland für über 30 Millionen Mark (!) Winterfutter gekauft. Das ist zum größten Teil eigentlich unnütz ausgegebenes Geld. Verfügte der Vogelschutz über diese Millionen, so könnten lebensrettende Maßnahmen für wirklich bedrohte Arten ergriffen werden, zum Beispiel durch Ankauf von Schutzgebieten. Doch durch das vordergründige Erfolgserlebnis am Futterhäuschen glauben viele Menschen, schon genug getan zu haben, und stehen den eigentlichen Vogel- und Naturschutzproblemen passiv gegenüber.

Vielleicht sind Sie nun enttäuscht, weil ich Ihnen die Freude an Ihrem Vogelhäuschen verdorben habe. Warum aber schreibe ich dann ein Buch mit diesem Titel?

Etwas unleugbar Gutes nämlich bewirkt die Winterfütterung dennoch: Sie macht uns Spaß und stärkt somit die gefühlsmäßige Verbundenheit des Menschen mit der Vogelwelt. Wir lernen, die Arten zu unterscheiden, geduldig zu beobachten, erfahren von Verhaltensweisen und biologischen Zusammenhängen. Eine schöne Einrichtung ist so ein Futterhäuschen auf dem Fensterbrett oder im Garten. Endlich können wir ganz aus der Nähe unsere gefiederten Lieblinge beobachten: die frechen Meisen, rotbrüstige Gimpel, die angriffsmutigen

Futterhäuschenbau –

Rotkehlchen, kecke Buchfinken, die streitbaren Grünfinken und manchmal auch Kleiber oder Buntspechte. Von der bunten Vogelschar sind sogar »Naturmuffel« begeistert. Manche Menschen merken erst im eigentlich vogelarmen Winter, wie viele verschiedenartige Vogelarten in unserer nächsten Umgebung leben.
Für kranke Menschen und Kleinkinder sind die Beobachtungen am Futterhäuschen oftmals der einzig mögliche Naturkontakt. Dieses unmittelbare Erleben der Vogelwelt ist viel wertvoller, als Tiersendungen im Fernsehen anzuschauen. Wenn Eltern zusammen mit ihren Kindern ein Vogelhäuschen bauen, bei starker Kälte und hohem Schneefall die Wintergäste füttern und gemeinsam die gefiederte Schar beobachten, dann entwickelt sich bei den Kindern Gefühl und Verantwortungsbewußtsein für die freilebende Tierwelt. Später werden sich dann viele von ihnen für den Vogelschutz einsetzen.

Bau von Futterhäuschen

Wissenswertes über den Bau von Vogelhäuschen und Nistkästen

1. Material: Geeignete Holzarten sind Fichte, Kiefer, Eiche, Buche und Erle. Auf keinen Fall verwendet man Preßspanplatten.

2. Holzbrettstärke: ca. 2 cm.

3. Verarbeitung: Die Teile werden mit wasserfestem Leim (Propellerleim) bestrichen. Dann nagelt man den Kasten bzw. das Häuschen zusammen. Die Nägel werden vorher gestaucht, das heißt, man schlägt mit dem Hammer leicht auf die Nagelspitze, damit das Holz beim späteren Einschlagen nicht reißt. Man kann statt der Nägel auch Schrauben verwenden. Die Wahl bleibt letztendlich Ihnen und Ihrem handwerklichen Geschick überlassen.

4. In fast allen Nistkästen muß man kleine Abflußlöcher im Boden vorsehen. Ausnahme sind zum Beispiel die Baumläuferkästen.

Futterhäuschen

Das einfache Futterhäuschen

Das einfachste Modell ist in diesem Fall das beste. Es besteht nur aus Grundfläche, Dach und vier Rundhölzern. Nach allen vier Seiten ist es offen. Zuerst brauchen wir eine Holzplatte. Sie muß nicht größer als 25 × 25 cm sein, denn um so kleiner wir die Platte wählen, um so geringer ist die Fläche, auf der sich die Tiere mit Krankheitskeimen infizieren können. In den vier Ecken befestigen wir ca. 19 cm hohe Rundhölzer oder Aststücke als Stützen für das Dach. Beachten Sie, daß das Dach im Verhältnis zur Grundplatte nicht zu niedrig angebracht wird. Sind die Rundhölzer etwa ¾ so hoch, wie die Seiten der Grundplatte lang sind, ist das Futterhäuschen für Anflug und Rundumblick der Vögel genügend offen. Zwei nebeneinander liegende Eckstützen müssen etwas länger sein, damit das Dach schräg aufliegt. So können tauender Schnee und Regen besser ablaufen.

Um vor Wettereinflüssen zu sichern, soll das Dach die Grundfläche um einige Zentimeter überragen. Statt mit Dachpappe schützen wir das Dach vor Feuchtigkeit mit einem Holzschutzmittel. Achtung: Keine umweltschädigenden Mittel verwenden und richtig austrocknen lassen!

Das fertige Häuschen stellen wir, sicher befestigt, auf einen etwa 200 cm hohen Pfahl. Dieser wird ungefähr 50 cm tief eingegraben.

Das Grundmodell kann je nach Bastellaune und Geschick variiert und verschönt werden, zum Beispiel indem man Schilf oder dünne Birkenzweige auf das Dach nagelt oder klebt. Doch das Grundprinzip sollte man beibehalten: Das Futter trocken und leicht zugänglich anbieten. Außerdem muß das Haus gut zu säubern sein.

Das einfache Futterhaus
<u>Materialliste</u>
Dach: 30 × 30 cm
Boden: 25 × 25 cm
Brettstärke: 2 cm
2 Rundhölzer mit 19 cm Höhe
2 Rundhölzer mit 14 cm Höhe
Ständer: 1 bzw. 3 Pfähle (je nach Aufstellart) 200 cm lang
Nägel und Schrauben

Futterhäuschenbau –

Das Luxusfutterhaus

Besonders viel Bastelgeschick und Mühe erfordert die Herstellung des kombinierten Futterhauses für Körner- und Weichfresser. Stellt man dieses Haus im Garten auf, werden sich sehr viele verschiedene Arten einfinden – allerdings nur dann, wenn man am Stadtrand und möglichst in Waldnähe oder ländlicher Umgebung wohnt. Durch die Rundumverglasung und das aufgesetzte Dach ist die Futterstelle optimal vor Wind und Nässe geschützt. Die futtersuchenden Vögel lernen bald, von unten das Futterbrett anzufliegen.
Man braucht einen ca. 200 cm langen, sehr stabilen Pfahl, den man tief und sicher eingräbt und evtl. mit drei Fußstützen absichert. In 30–50 cm Höhe (denken Sie daran, daß sich bei Schneefall der Abstand zum Boden verringert, andererseits aber einige Arten die Nahrung gern nah am Boden aufnehmen) befestigt man ein Brett als Futterstelle für die Weichfresser wie Rotkehlchen, Zaunkönig, Drosseln und Baumläufer. Das Futterbrett für die Körnerfresser bringen wir etwa 130 cm über dem Erdboden an. Im Abstand von ca. 15 cm von den Außenkanten des Futterbrettes bauen wir einen Rahmen für vier Glasscheiben. Das Dach, das auf diesen Rahmen aufgesetzt wird, schließt die Futterstelle nach oben ab. Die Vögel können nur von unten zwischen Rahmen und Futterbrett einfliegen.

Das Luxusfutterhaus sollte nur von handwerklich geschickten Menschen selbst gebaut werden (Maße in cm)

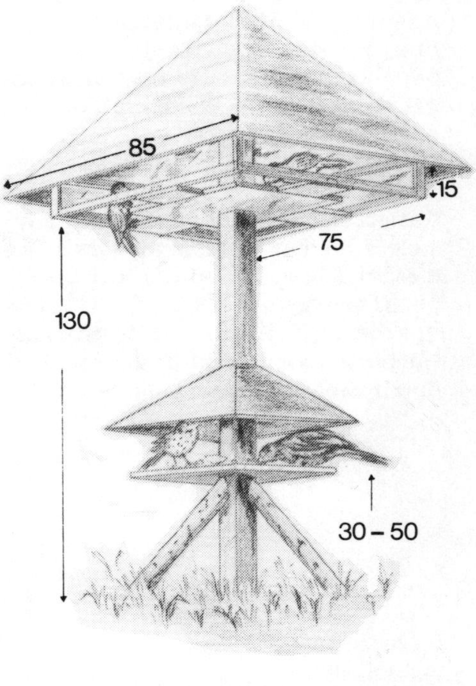

Das Silofutterhaus

Da bei diesem Modell nur so viel Futter nachrutscht, wie die Tiere vorn wegpikken, wird die Verschmutzung des Futters vermieden. Man muß auch nicht täglich nachfüllen, da die Silohäuser

Futterhäuschen

einen größeren Vorrat speichern. Allerdings ist das für die Herausbildung unseres Verantwortungsgefühls eher nachteilig. Auch für Kinder ist das Erlebnis größer, wenn sie täglich »ihre Vögel« füttern dürfen. Von Vorteil ist das Silohaus, wenn wir verreisen oder wenn sich die Futterstelle im Wald, am Feldrand oder im Park befindet.
Das Silohaus kann in beliebiger Größe gebaut werden. Es besteht aus einem Kasten, der vorn durch ein schräg gestelltes Brett abgegrenzt wird. Zwischen diesem schrägen Holz und der Bodenplatte beträgt der Abstand 2 cm. Hier rutschen die Körner hindurch. Zum Nachfüllen kann man das obere Brett durch zwei Scharniere aufklappen.

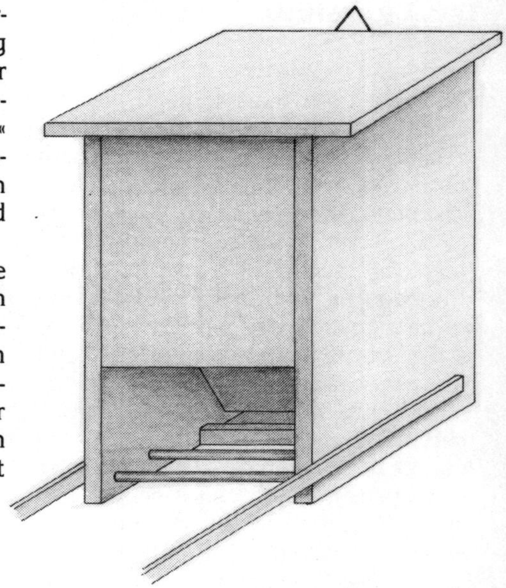

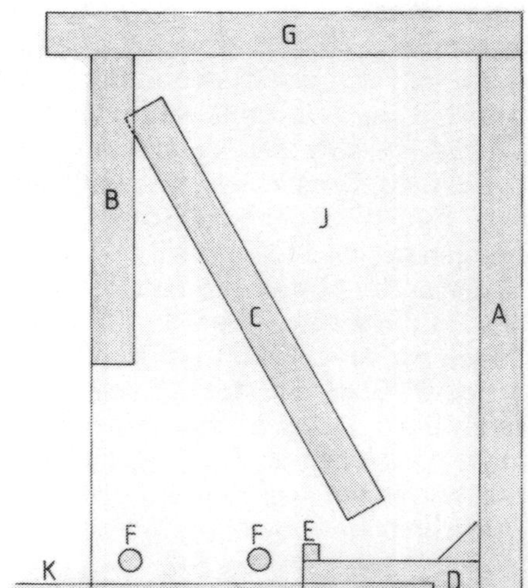

Silofutterhaus

Materialliste

Rückwand (A): 25 × 14 cm
Vorderwand (B): 16 × 14 cm
Innenwand (C): 21 × 14 cm
Boden (D): 8 × 14 cm
Leiste (E): 1 × 1 × 14 cm
2 runde Sitzstangen (F): je Durchmesser 1 cm, Länge 18 cm
Dach (G): 22 × 22 cm
2 Seitenwände (J): je 25 × 20 cm
2 Anflugstangen, vierkant: 1 × 1 × 40 cm
Brettstärke: 2 cm
Nägel bzw. Schrauben, Scharniere

Bau von Futterstellen

Rotkehlchen, Zaunkönige, Drosseln und Ammern fressen keine oder nur ungern Körnernahrung. Sie brauchen Beeren, Obst und Insekten (siehe auch Seite 23).
Ihre Nahrung suchen diese Vögel vorwiegend am Boden. Wir bauen ihnen deswegen ein kleines Futterdach, das nur aus einem Brett mit vier Eckpflökken besteht. Das Ganze sieht etwa so aus wie eine Fußbank oder ein schräges Tischchen. Die Wetterseite verblenden wir mit in die Erde gesteckten Fichtenzweigen. Die anderen Seiten sollten offenbleiben, sonst könnten sich Katzen ungesehen anschleichen. Das Futter (siehe Seite 23) streuen wir auf den Boden (Schnee wegfegen) oder füllen es in eine oder mehrere flache Schalen.
Variante: Ein Holzpfahl wird in die Erde gesteckt und in einer Höhe von etwa 30 cm einfach ein Brett befestigt. Dieser Futtertisch hat allerdings den Nachteil, daß er bei Schneefall nicht geschützt ist.

Futterplatz für Feldvögel

Ist der Winter sehr hart, sollten wir auch an die Vögel denken, die nicht in die Ortschaften hineinkommen. Es sind dies vor allem Schwärme von Ammern und Lerchen aus nördlichen Ländern, die in strengen Wintern bei uns Zuflucht suchen. Diesen typischen Bodenvögeln muß man das Futter unbedingt auf der Erde anbieten. Auf einen offenen Platz am Feldrand streuen wir Dreschabfälle, Getreide und Pflanzensamen. Den Futterplatz schützen wir vor Schneeverwehungen durch einen Schirm aus Ästen.

Futterstelle für Weichfresser. Ein 40 × 60 cm großes Brett wird auf Pfähle (15 cm Höhe hinten und 20 cm vorn) genagelt bzw. geschraubt. Mit in die Erde gesteckten Fichtenzweigen kann man die Wetterseite schützen.

Futterstamm für Spechte

Spechte erscheinen eigentlich selten am Futterhaus. Dort, wo sie häufiger vorkommen, in Parkanlagen und waldreichen Gegenden, können wir ihnen mit einem Futterstamm helfen. In ein Holzstück mit einem Durchmesser von 30–50 cm, an dem die Borke möglichst noch vorhanden ist, werden mehrere Löcher gebohrt. In diese Bohrlöcher

füllen wir die Futtermischung. Es handelt sich dabei um die Masse, die wir auch für die Meisen verwenden (siehe Seite 21 f.).
Vielleicht findet ein Specht dieses verlockende Futterangebot. Aber wie gesagt, nur dort werden Sie Erfolg haben, wo es auch Spechte gibt. Ich selbst habe noch keine Erfahrung mit diesen Futterstämmen gesammelt und bin der Meinung, wir helfen den Spechten und anderen Tieren eher, wenn wir unsere Energie und Tatkraft dafür einsetzen, daß nicht alle alten und morschen Bäume abgeschlagen werden.

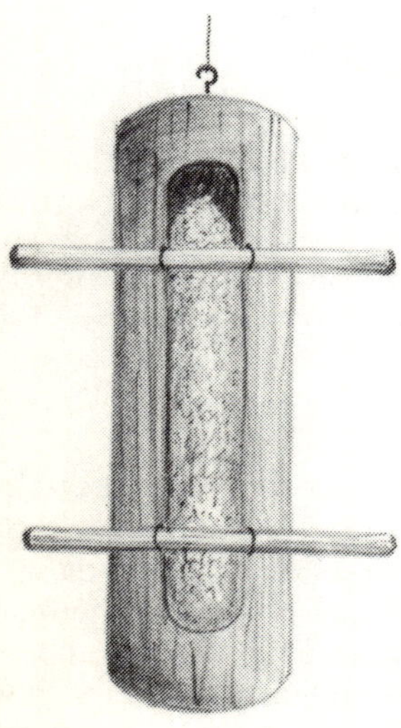

Futterholz für Meisen, Kleiber, Baumläufer und auch Spechte. Zwei aufgenagelte, dünne Querleisten erleichtern den Vögeln das Anfliegen.

Futterholz für Spechte mit mehreren etwa 10 cm tiefen Löchern (besser ist, wenn die Borke noch vorhanden ist).

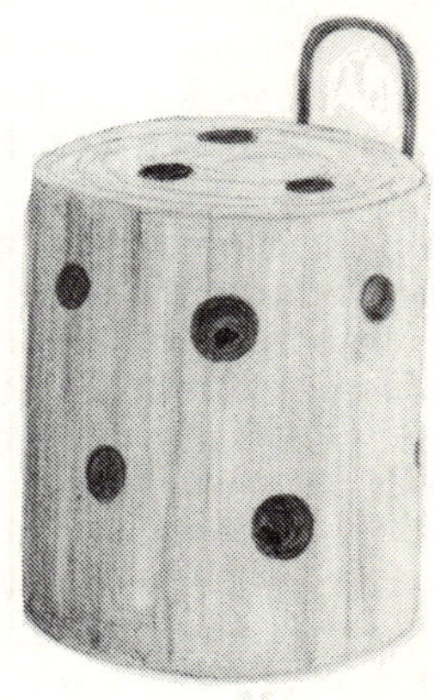

Futterhölzer: Meisen, Kleiber, Baumläufer und auch Spechte gehen gern an die Futterhölzer. Ein etwa 50 cm langes und 10 cm dickes Fichtenholz wird mit Schnitzwerkzeugen auf einer Seite ausgehöhlt und die Futtermischung (Meisenmischung, siehe Seite 21 f.) eingefüllt.

Futterplatz für Eulen und Greifvögel

Ein langer Winter mit hohem Schnee trifft die Greifvögel sehr. Bussarde können dann ihre bevorzugten Beutetiere, die Mäuse, nicht mehr fangen, weil sich diese unter der Schneedecke verbergen. Auch Turmfalken, Habichte, Waldohr-

Bau einer Futterstelle

eulen und die bei uns überwinternden Rauhfußbussarde hungern bei strengen Kälteperioden.
In solchen Notzeiten holen wir Abfallfleisch aus dem Schlachthof. Man bekommt es billig oder sogar geschenkt. An einer windgeschützten, aber dennoch von weitem sichtbaren Stelle schaufeln wir einige Quadratmeter schneefrei und legen das Fleisch einfach darauf nieder. Wir schneiden es nicht in kleine Stücke, denn hart gefroren würden diese von den Vögeln ganz verschluckt und könnten zu deren Tod führen. Statt dessen zerfasern wir das Fleisch durch einzelne Einschnitte, damit die Greifvögel es selbst auseinanderreißen können.
Es macht nichts, wenn das Fleisch auch von anderen Tieren, zum Beispiel Mardern und Füchsen, verzehrt wird. Wir freuen uns dann, daß es diese Tiere noch in unserer Nähe gibt. Vielleicht können wir uns ein Versteck bauen und mit viel Geduld und warmer Kleidung die Tiere beobachten und fotografieren. Nur wenn die Füchse zu viel Fleisch abtransportieren, schlagen wir kleine Pflöcke in den Boden und binden die Fleischstücke daran fest.
Die Fütterung von Eulen ist schwieriger, weil sie kein totes Fleisch, sondern nur lebende Mäuse annehmen. Eine größere Fläche wird vom Schnee frei geräumt und mit Stroh, Körnern und Kleie bestreut. Das lockt Mäuse aus der Umgebung an. Wenn diese im Stroh rascheln, werden sie von Eulen in der Nacht gegriffen.
Der Sperber ernährt sich von Kleinvögeln. Er fängt seine Beute im Winter auch an den Singvogelfütterungen. Er darf das. Obwohl uns die kleinen Singvögel leid tun, wollen wir doch nicht, daß deswegen der Sperber verhungern muß. Er bedarf unseres Schutzes mehr als viele der Singvögel, von denen er lebt.
Früher, als er noch nicht unter Naturschutz stand, wurde er gejagt und fast ausgerottet. Wenn wir also Singvogelfütterungen im Wald und an Feldfluren einrichten, helfen wir damit sowohl den Kleinvögeln als auch dem Sperber, vielleicht auch dem Waldkauz, dem Steinkauz und in Bergwäldern dem Sperlingskauz, die alle neben Mäusen auch Singvögel jagen.
Außerdem lockt heruntergefallenes Vogelfutter Mäuse an, die die Eulen ebenfalls erbeuten können. Um den Schleiereulen zu helfen, sollte man an Scheunen, Schuppen und ähnlichen Gebäuden Eingänge für diese schönen, nachtaktiven Tiere schaffen, denn alte Gebäude und Dachstühle sind die wichtigsten Verstecke für Schleiereulen. Wir verstreuen im Inneren Maisbruch und Dreschabfälle oder einfach Vogelfutter, dies lockt wiederum Mäuse an. Sie werden auch bei völliger Dunkelheit von Eulen gejagt, da diese Vögel das leiseste Rascheln hören und nach dem Gehör genau ausmachen können, wo sich die Beute befindet.
Falls Sie nicht der Besitzer des Gebäudes sind, müssen Sie natürlich vorher fragen. Doch kaum jemand wird eine

solche Bitte abschlagen, wenn sie verständlich und einfühlsam vorgebracht wird. Übrigens, früher haben die Bauern beim Bau ihrer Gebäude gleich eine Öffnung für Eulen frei gelassen.
Den Mäusebussarden kann man noch auf eine andere, sehr einfache Weise helfen. Sie lieben es, von Ansitzwarten aus nach ihrer Beute Ausschau zu halten. Doch in unserer ausgeräumten Landschaft gibt es kaum noch kahle, verdorrte Bäume, alte Baumstumpen, Gebüsch und Gesträuch. Deshalb nageln wir auf einen ca. 200 cm hohen Stock ein kleines Querholz und schlagen diesen Sitzstock fest in den Boden ein. Gut geeignet für die Plazierung der Ansitzwarte sind Böschungen, an denen der Schnee schnell wegtaut. Auch im Sommer wird den Bussarden ihre Nahrungssuche durch solche Sitzstöcke erleichtert.

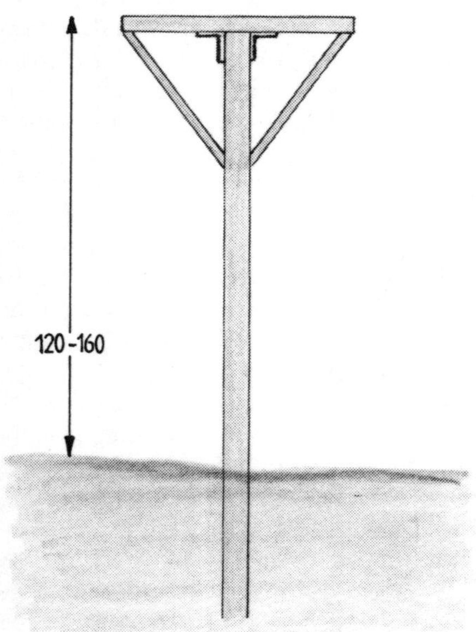

Ansitzwarte für Mäusebussarde und andere Greifvögel (Maße in cm).

Füttern der Wasservögel

Ein sehr problematisches Thema ist die Fütterung der Wasservögel an Seen, Uferpromenaden und Parkteichen. Es macht Spaß, den bettelnden Schwänen und Enten Brotstücke zuzuwerfen. Doch so im Überfluß gefüttert tun wir den Tieren nichts Gutes. Die Gewässer werden durch die hohe Anzahl an Wasservögeln verschmutzt. Es entwickeln sich Krankheitskeime, an denen Tiere sterben können. Deshalb wird möglichst nicht gefüttert. Wir verderben aber auch nicht den älteren Menschen die Freude. Für sie stellt oft der Spaziergang zum See und das Füttern »ihrer« Schwäne einen wichtigen Lebensinhalt dar.

Seite 17:
Futterhäuschen. Bei solchem Wetter wird nicht gefüttert.

Das Aufstellen des Futterhäuschens

Im Garten

Besitzt man einen Garten, wird das Häuschen dort aufgestellt. Entweder hängen wir es an einen Ast oder stellen es auf einen Pfahl bzw. auf einen dreibeinigen Ständer. Das Futterhaus soll mindestens 150–200 cm hoch stehen, damit die Katzen nicht so leicht herankommen. Wir achten darauf, daß die Vögel leicht und ungehindert anfliegen und einen Feind rechtzeitig wahrnehmen können. Doch sollte die Wetterseite (meist West/Nord) durch ein besonders weit herabreichendes Dach geschützt sein.

Auf der Außenfensterbank, der Terrasse oder dem Balkon

Einige Vogelarten wie Meisen, Amseln, Grünfinken und Spatzen kommen dicht ans Haus. So ist das Futterhaus auf der Außenfensterbank, der Terrasse oder dem Balkon eine der seltenen Gelegenheiten, unsere gefiederten Freunde so nah zu beobachten. Wenn möglich sollten wir einen Platz an der Südseite des Hauses wählen.

Seite 18:
Futterhäuschen im Winter.

Futterhäuschen

Möglichkeiten, wie man ein Futterhäuschen aufstellen kann. Bei der Variante ganz links müssen die Einstecklöcher schräg angesetzt werden – und zwar so, daß die Pfähle hinterher im gewählten Winkel zueinander stehen. Das Häuschen wird am besten von oben aufgeschraubt – auch die Pfähle verschraubt man zusätzlich von oben durch die Platte.

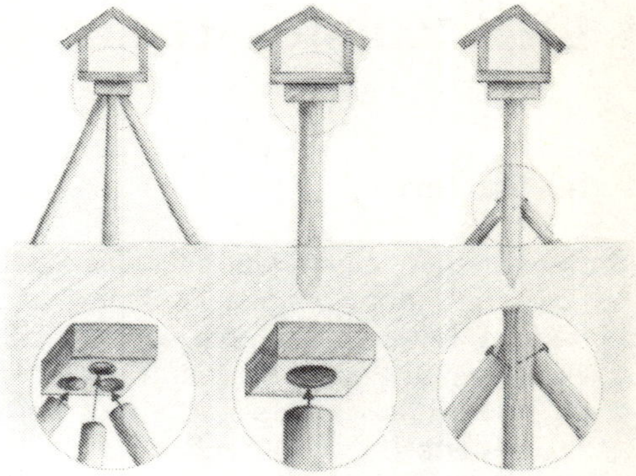

Wann wird gefüttert?

Beginn und Ende der Winterfütterung richten sich nicht starr nach dem Kalender, sondern sind abhängig von den Wetterverhältnissen. Auf keinen Fall beginnen wir schon im Spätherbst, wie es oft die Werbemedien der Futtermittelhersteller empfehlen. Denn bei warmem Wetter breiten sich schnell Krankheiten am Futterhäuschen aus. Am besten wäre, man würde nur bei Dauerfrost und geschlossener Schneedecke füttern.

Haben sich die Vögel während einer langen Winterperiode an die Fütterung gewöhnt, darf man im Frühjahr nicht abrupt aufhören, sondern füttert noch ein paar Tage weiter. Doch achten Sie bitte darauf, im Frühling nicht zu lange Futter anzubieten. Die Vögel beginnen nämlich bald mit ihrem Brutgeschäft, und aus Bequemlichkeit versorgen sie dann ihre Jungen mit dem leicht erreichbaren Körnerfutter. Die Verdauung der Jungvögel ist jedoch nur auf tierische Nahrung, zum Beispiel Raupen, Larven und Würmer, eingestellt. Wer also auch im Frühling füttert, handelt verantwortungslos und verschuldet den qualvollen Tod vieler Jungvögel.

Was wird gefüttert?

Das billigste und einfachste Futter ist auch das beste! Wir wollen die Vögel nicht mästen und keine Luxusfütterung veranstalten. Walnüsse und andere hochwertige Nüsse sind nur Verschwendung und helfen den Vögeln nicht besser als einfaches Futter. Unter keinen Umständen gibt man Speisereste, Tortenkrümel und Brotstücke.

Nach der Ernährungsweise unterscheidet man: Körnerfresser wie Meisen, Finken und Gimpel und Weichfresser wie Rotkehlchen, Zaunkönige, Drosseln und Baumläufer.

Futtermischung für Körnerfresser

Die Futtermischung kann man leicht ohne allzu großen Aufwand selbst herstellen. Es ist viel besser, sich dieser kleinen Mühe zu unterziehen, als die Meisenknödel und das Tütenfutter im Handel zu kaufen. Besonders Kinder bekommen durch die Vorbereitungen und das Selbermachen noch eine engere Beziehung zu ihren Schützlingen draußen vor der Fensterscheibe.

Wir kaufen beim Metzger Rinder- oder Hammelfett (Talg), schneiden es klein und erhitzen es langsam auf schwacher Flamme, bis es flüssig ist. Wir mischen fünf Gewichtsteile von dem vor dem Erhitzen abgewogenen Talg mit einem Gewichtsteil Kleie (gibt es in jedem Reformhaus zu kaufen). Wenn man will, kann man noch ein paar andere Sämereien untermischen, zum Beispiel Sonnenblumenkerne, Hanf, Mohn und Lein. Durch einen Schuß Salatöl wird das wieder aushärtende Fett auch bei großer Kälte nicht hart und brüchig.

Bevor das Talg-Kleie-Gemisch aushärtet, gießen wir es in eine Kokosnußhälfte mit Loch, in einen sauberen Blumentopf oder in andere geeignete Gefäße. Durch das Loch des Blumentopfes oder der Nußhälfte wird zuvor ein Holzstab oder ein dünner Ast gesteckt. Er ragt auf beiden Seiten heraus. Ein Ende dient zum Befestigen, das andere zum Festhalten für die Vögel. Diese Meisenglocke wird mit der Öffnung nach unten aufgehängt.

Für Meisen, Kleiber, Baumläufer und Spechte kann man die Talg-Kleie-Mischung auch in Futterhölzer oder in den Futterstamm gießen.

Auf keinen Fall hängen wir Speckschwarten oder andere geräucherte und gesalzene Eßwaren an die Futterstelle. Die Tiere würden qualvoll sterben. Dagegen darf man ein Stück Rindertalg (das gleiche Material, das wir zur Herstellung der Futtermischung verwenden) an einen Ast oder Baumstamm binden. Kleiber, Baumläufer, Meisen und Spechte nutzen gern diese zusätzliche Energiequelle.

Futterhäuschen

Futtermischung für Körnerfresser selbst herstellen. Zerkleinerter Talg (Hammel- oder Rinderfett, 1) wird auf schwacher Flamme erhitzt, bis er flüssig ist. Dann mischt man fünf Gewichtsteile von dem vor dem Erhitzen abgewogenen Talg mit einem Gewichtsteil Kleie (2). Wer will, kann einige Sämereien dazugeben, zum Beispiel Sonnenblumenkerne, Hanf, Mohn und Lein (4). Durch einen Schuß Salatöl (3) wird das wieder aushärtende Fett auch bei großer Kälte nicht hart und brüchig.

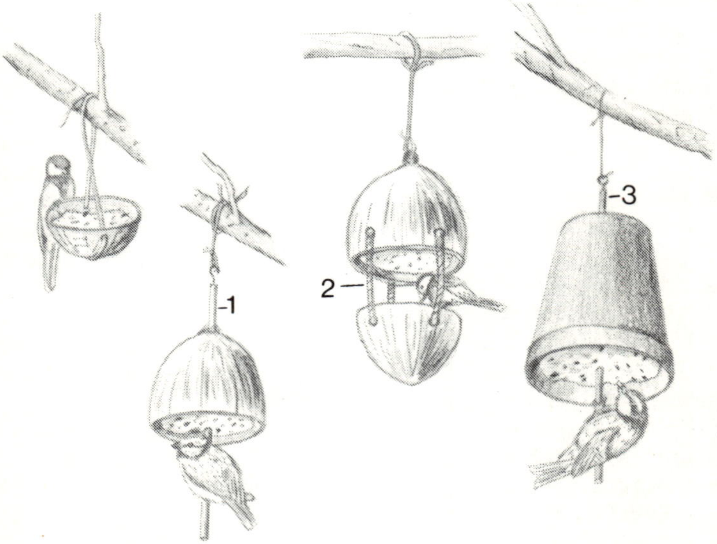

Das noch nicht ausgehärtete Talg-Kleie-Gemisch wird in eine Kokosnußhälfte, einen sauberen Blumentopf oder in andere geeignete Gefäße gegossen. Oben sieht man verschiedene Aufhängemöglichkeiten (1 + 3 Holzstock, 2 Schnur).

Futtermischung für Weichfresser

Weichfresser wie Rotkehlchen, Zaunkönige, Drosseln, Baumläufer und Haubenlerchen ernähren sich hauptsächlich von Insekten, Würmern und Schnecken. Da sie im Winter diese Nahrung kaum finden, nehmen sie in ihrer Not auch Körnerfutter an. Besser ist aber, wenn wir ihnen Rosinen, Obststücke (dürfen auch etwas matschig und sogar angefault sein) und Beeren von Eberesche, Holunder, Weißdorn oder Liguster geben.
Wer sich besonders viel Mühe macht und für seine Wintergäste Beeren und Samen von Wildpflanzen sammelt, muß unbedingt darauf achten, daß die betreffenden Arten nicht auf der »roten Liste« stehen. Es ist nicht nur verboten, diese Pflanzen zu pflücken, sondern man darf auch ihre Samen nicht mitnehmen. Gerade der Vogelfreund sollte verantwortungsbewußt genug sein, um sich an diese für unsere Natur wichtigen Bestimmungen zu halten. Wichtig: Sich informieren, welche Pflanzen geschützt sind!
Wenn man den Rindertalg wie bei der Mischung für die Körnerfresser erhitzt, aber mit einem Verhältnis von einem Gewichtsteil Talg und einem Teil Weizenkleie und/oder Haferflocken, also im Verhältnis 1:1 mischt, entsteht eine lockere, bröslige Masse, die man in Schalen füllt oder auf dem Futterbrett aufhäufelt.

Reinigung

Bei Temperaturen über 0°C muß man die Vögel eigentlich nicht füttern. Tut man es trotzdem, muß das Futterhaus jeden Tag mit klarem, kochendheißem Wasser (kein Haushaltsmittel verwenden!) und Bürste gereinigt werden, sonst können sich Krankheitskeime ausbreiten. Manche Vogelkundler vermuten, daß durch unhygienische Futterhäuschen und ungeeignetes Futter mehr Vögel sterben, als von uns andererseits vor dem Verhungern gerettet werden. Wichtig: Bei Ausbruch einer Krankheit sofort mit dem Füttern aufhören, damit sich die noch gesunden Vögel nicht anstecken. Falls wir uns Zeit nehmen, unsere Wintergäste regelmäßig zu beobachten, fallen uns kranke Tiere gleich auf. Sie sitzen matt mit aufgeplustertem und gesträubtem Gefieder im Futterhäuschen oder in der Nähe herum. Wir reinigen dann besonders gründlich mit

kochendheißem Wasser und einem Desinfektionsmittel (aus der Apotheke). Da manche Erkrankungen auch auf den Menschen übertragbar sind, ziehen wir dabei vorbeugend Gummihandschuhe an. Das Füttern wird dann für einige Zeit unterbrochen.
Meist treten Infektionskrankheiten in milden Wintern auf. Ernst wird es, wenn tote Vögel gefunden werden. Dann besteht Verdacht auf Salmonellen-Infektion. Das ist eine schwere Darmerkrankung, die durch Bakterien übertragen wird und auch für den Menschen gefährlich ist. Nun muß man unbedingt vorsichtig sein: Kinder von der Futterstelle fernhalten, Gummihandschuhe anziehen, das Futterhaus gründlich desinfizieren und auch alle Futterreste am Boden entfernen. Die Fütterung unterbricht man so lange, bis wieder Minusgrade auftreten. Eigentlich sollte man vorbeugend bei mildem Wetter immer die Fütterung einstellen. Nicht nur wegen der erhöhten Ansteckungsgefahr, sondern auch damit die Vögel nicht verwöhnt werden und trainiert bleiben, selbst Futter zu suchen.

Bemerkung zum Schluß

Das Beobachten gefiederter Wintergäste am Vogelhäuschen ist eine der schönsten Möglichkeiten, um Zuneigung für die Tierwelt zu entwickeln. Wir dürfen deshalb niemals anderen Menschen das Vogelfüttern verleiden wollen. Doch sollen wir uns der Nachteile der Winterhilfe bewußt sein: Den Vögeln nutzen wir nur insofern, als wir sie dabei besser kennen- und vielleicht auch liebenlernen.

Nisthilfen

Nistkästen

Helfen wir den Vögeln mit dem Nistkasten?

Seit langem ist es üblich, den gefiederten Lieblingen um Haus und Hof sowie im Garten Nistkästen anzubieten. Hartnäckig hält sich die Meinung in der Bevölkerung, Nistkästen zu basteln und aufzuhängen, sei eine der wichtigsten Maßnahmen zum Vogelschutz. Doch aus künstlichen Nisthilfen ziehen meist Arten wie Meisen und Spatzen ihren Nutzen. Und die sind in ihrem Bestand keineswegs gefährdet. Ziel eines Naturfreundes aber müßte es sein, eine möglichst artenreiche Tierwelt zu erhalten, die ohne ständige regulierende menschliche Eingriffe auskommt. Nur so würde es gelingen, wieder zur Stabilisierung und zum Gleichgewicht in unserer Umwelt zurückzufinden.
Nistkästen können niemals die abgeholzten, alten und morschen Bäume ersetzen. Denn in deren Höhlungen ziehen die Vogeleltern nicht nur ihre Brut auf, sondern sie finden zugleich auch die Nahrung: Zahllose Kleintiere, die in den Bäumen Unterschlupf suchen. Deshalb sollen und müssen wir unsere Kraft darauf konzentrieren, die Zerstörung von Lebensräumen zu stoppen.
Doch sind wir erst dann für den Umweltschutz wirklich motiviert, wenn wir Zuneigung und Liebe für die Tiere empfinden. Wer wie ich als Kind das Glück hatte, in einer noch weitgehend naturbelassenen Umwelt aufzuwachsen, der konnte staunend und wißbegierig aus nächster Nähe miterleben, wie jedes Frühjahr die Vogeleltern kunstvoll und emsig ihre Nester bauten, ganz verschieden je nach Artzugehörigkeit. Die Freude war groß, wenn eines Tages türkisfarbene, braungesprenkelte, weiße oder rosafarbene Eier im Nest lagen. Wer dann das Heranwachsen und Ausfliegen der Jungenschar beobachten konnte, der wird dieses tiefe emotionale Gefühl zeitlebens behalten. Ich glaube, es ist sehr wichtig, dieses Empfinden in der Kindheit herauszubilden. Es sind notwendige Schlüsselerlebnisse, um mit wahrem Verantwortungsbewußtsein für die Umwelt eintreten zu können. Kindern, die in unserer heute schon verarmten Natur aufwachsen, bieten sich nur noch selten solche Erlebnisse. Deshalb sollten wir die Gelegenheit nutzen, mittels eines Nistkastens Kindern und Erwachsenen zu diesem Naturerleben zu verhelfen. Nistkästen locken nämlich die Vögel in den Garten.

Bau eines Nistkastens für Höhlenbrüter

Sehr oft werden die aufgehängten Kästen für die Nestlinge zu einem Marterloch, weil Material, Bauart und Größe

Nisthilfen

Nistkasten für Höhlenbrüter. Der Durchmesser des Einflugloches bestimmt die Vögel, die hier brüten werden (Maße in cm).

Materialliste

Dach: 22 × 20 cm

Boden: 14 × 14 cm

2 Seitenwände: je 27 × 18 cm (Oberseite von 27 auf 24 cm abschrägen)

Rückwand: 27 × 14 cm

Vorderwand: 24 × 14 cm

Brettstärke: 2 cm

evtl. Leiste zum Anbringen 50 × 5 cm

2 Haken, Holzstifte oder Schrauben bzw. Nägel, Nägel und Schrauben zum Zusammensetzen

A: Zwei seitlich eingeführte Schrauben oder Holzstifte bilden die Verbindung zwischen Seitenwand und Vorderwand. Die beiden Bohrungen in jeder Seitenwand müssen sich direkt gegenüberliegen, da sich sonst die Vorderwand nicht nach vorn klappen läßt.

B: Die beiden Haken halten die Vorderwand geschlossen.

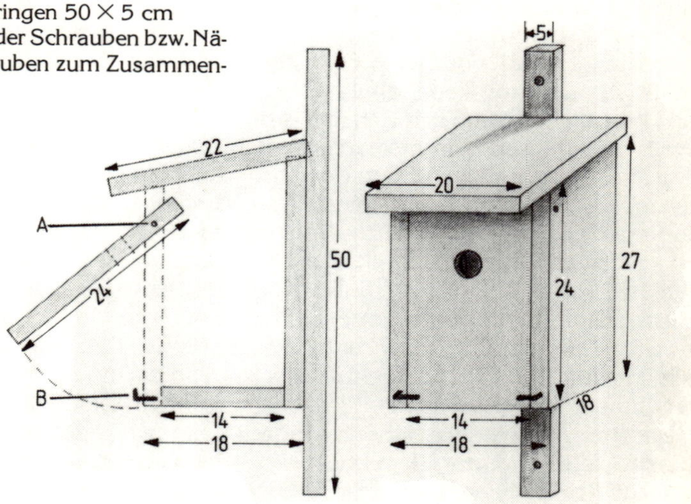

nicht stimmen. Doch es ist überhaupt nicht schwer, einen Nistkasten selbst zu bauen. Man braucht nur sechs Bretter – außerdem Werkzeuge, die fast in jedem Haushalt zu finden sind: Säge, Hammer, Zange, Schraubenzieher, Lochsäge und daneben Nägel sowie wasserfesten Leim. Gut geeignet ist Propellerleim (im Heimwerker- oder Bastlergeschäft nachfragen).

Zunächst stellen wir alle Holzteile her. Wer im Sägen nicht geübt ist, läßt sie sich von einem Schreiner oder Heimwerker zusägen. Die Bretter sollten mindestens 2 cm dick sein. So schützen sie vor Temperaturschwankungen, und außerdem entsteht nicht so leicht Schwitzwasser. Geeignete Holzarten sind Fichte, Kiefer, Eiche, Buche und Erle. Auf keinen Fall Preßspanplatten verwenden!

Höhlenbrüterkasten

Diese sind mit giftigen Stoffen angereichert, die den Vögeln zum Verhängnis werden können. Das Holz soll rauh und ungehobelt bleiben, damit die flüggen Jungvögel leichter herausklettern können.

Größe und Form der Nistkästen richten sich nach den Ansprüchen der zukünftigen Bewohner. Der hier vorgestellte Nistkastentyp ist für sehr viele Höhlenbrüter geeignet. Wählt man ein kleines Flugloch mit 2,6 cm Durchmesser, so bevorzugen die schwächeren und kleineren Arten wie Blau-, Tannen- und Sumpfmeisen den Kasten. Sie gehen auch in solche mit größeren Fluglöchern, werden von dort aber meist von Kohlmeisen und anderen stärkeren Arten vertrieben. Bohrt man das Flugloch größer als 3,2 cm, gehen vor allem Stare und Spatzen in die Kästen. Ein ovales Flugloch, 3 cm hoch und 4,5 cm breit, liebt der Gartenrotschwanz.

Mit Bleistift zeichnet man den Umriß des Flugloches aufs Holz. Dann bohrt man mit einem Holzbohrer an der aufgezeichneten Linie ein Loch, so daß man von dort aus die Stichsäge im Kreis führen kann, bis das ausgesägte Stück Holz herausfällt.

In die Bodenplatte bohren wir zwei 0,5 cm große Löcher als Abfluß für die Feuchtigkeit, falls doch einmal – trotz Vorsichtsmaßnahmen – Regenwasser eingedrungen ist.

Die Teile werden dünn mit Leim bestrichen und nach folgender Reihenfolge zusammengesetzt: Rückwand, Seitenteile, Boden und schließlich Dach. Die Vorderwand wird entweder ganz am Anfang mit den Seitenwänden verbunden (bei Verwendung z.B. von Holzstiften) oder nach dem Boden eingebaut. Damit alles stabil ist, nageln wir die Bretter noch aneinander. Man staucht die Nägel. Das heißt, man schlägt mit dem Hammer leicht auf die Nagelspitze. So reißt das Holz nicht beim Einschlagen der Nägel.

Die Nistkästen müssen leicht zu öffnen und zu säubern sein. Am besten ist es, die Vorderwand herausnehmbar oder schwenkbar zu gestalten. Ist nur das Dach zu öffnen, kann man den Kasteninnenraum nicht richtig reinigen. Gefährlich sind Modelle, bei denen der Boden herausgeklappt werden kann. Denn beim Öffnen können Eier und Jungvögel herausfallen.

Häufig wird empfohlen, den Kasten mit einem Schutzanstrich gegen Witterungseinflüsse zu versehen. Aber mit Holzschutzmitteln muß man vorsichtig sein, da sie oft giftige Stoffe enthalten. Man kann Karbolineum, Leinöl oder Borpräparate verwenden, aber auf keinen Fall innen! Vor dem Aufhängen muß der Kasten natürlich richtig ausgetrocknet sein. Im Zweifelsfall lassen wir ihn unbehandelt und bauen nach einigen Jahren, wenn er morsch geworden ist, einen neuen. Auch der Ratschlag, Dachpappe auf den Deckel zu nageln, ist unzweckmäßig und schützt nur scheinbar. Der Deckel wird trotzdem feucht, kann aber wegen der Dachpappe nicht mehr richtig austrocknen und verfault langsam.

Nisthilfen

Am Flugloch bringen wir keine Sitzstange an. Sie ist für Vögel völlig überflüssig und erleichtert Nesträubern das Herausholen der Jungen.

Gekaufte Nistkästen

Wer einen Nistkasten kauft, muß unbedingt beachten, kein Modell aus Plastik oder Blech zu nehmen. Diese Materialien sind nicht atmungsaktiv. An heißen Tagen sterben die Jungvögel in den Nistkästen. Auch Nisthilfen aus Styropor sind gefährlich. Die Vögel picken die kleinen Kügelchen auf und sterben daran. Auch maschinell ausgehobelte Birkenstämme sind unpraktisch, wenn sie nur von oben oder von unten zu öffnen sind. Gut bewährt haben sich Kästen aus Holzbeton. Sie isolieren sogar noch besser gegen Temperaturschwankungen als die aus Holz. Sie sind allerdings recht schwer. Das fällt besonders ins Gewicht, muß man diese Kästen eine weite Strecke transportieren. Um sicher zu sein, empfiehlt es sich, nur Nistkästen zu kaufen, die das Gütezeichen der Biologischen Bundesanstalt (BBA) tragen.

Welche Vögel brüten im Nistkasten?

Nur Vogelarten, die natürlicherweise in Baumhöhlen ihr Nest bauen, nehmen den Nistkasten als Ersatz an. Sie werden also vergeblich nach einer Goldammer, einer Mönchgrasmücke oder einem Fitislaubsänger im Nistkasten suchen. Unter den 133 Singvogelarten, die auf der »roten Liste« stehen, sind es nur zehn Arten (!), die an einem Nistkasten Gefallen finden. Schon deshalb können wir durch das Aufhängen von Nistkästen keinen geeigneten Beitrag zum Vogelschutz leisten. Wirksamer und entscheidender sind der Schutz und die Erhaltung von Lebensräumen.

Wann werden Nistkästen aufgehängt?

Im Herbst werden die Kästen in die noch belaubten Bäume gehängt. So können wir sehen, ob der richtige Beschattungsgrad gewährleistet ist. Denn es ist darauf zu achten, daß sie weder von der prallen Mittagssonne aufgeheizt werden noch den ganzen Tag über im Schatten sind. Außerdem kann der Nistkasten von den Vögeln während der Wintermonate als Zufluchts- und Übernachtungsort genutzt werden. Wir können es den Tieren ansehen, die nachts in einem Nistkasten schlafen. Sie besitzen ganz zerknautschte und zur Seite gedrückte Schwanzfedern.
Dort, wo viele Feldsperlinge vorkommen, kann es allerdings manchmal von Nachteil sein, wenn man die Nisthilfen schon im Herbst ausbringt. Da die Feldsperlinge schon sehr zeitig Februar/März mit dem Brutgeschäft beginnen, besetzen sie mitunter alle verfügbaren Kästen. In diesem Fall kann man abwarten, bis die Sperlinge sich anderweitig beholfen haben.

Aufhängen der Kästen

Wie werden Nistkästen aufgehängt?

Nistkästen sollen stabil mit Draht oder einer festen Schnur an einen Baum gebunden werden. Wenn möglich dient ein Ast oder eine Astgabel als Auflage. Zum Befestigen der Schnur schlagen wir je einen Nagel in die Seitenwände. Besonders stabil hängt der Nistkasten, wenn an seiner Rückwand eine Holzleiste befestigt wird, die man oben und unten an den Stamm nagelt. Ich würde trotzdem die Festbindemethode vorziehen, um den Baum nicht zu verletzen. Und wenn man schon nagelt, benutzt man Aluminiumnägel, die nicht rosten und den Baum weniger schädigen (Bezugsquelle: zum Beispiel Firma Schwegler, 7060 Schorndorf). Da sie sehr weich sind, müssen wir zuvor ein Loch mit einem Spitzbohrer schlagen. Ein Baum hat zwar kein Nervensystem und auch kein Schmerzempfinden wie Tiere und der Mensch, trotzdem, er ist ein Lebewesen. Deshalb sollten wir ihm auch keine Verletzungen beibringen.

Möglichkeiten, wie man Nistkästen aufhängen kann. Während normalerweise die Kästen ohne Sitzstange gebaut werden, besitzt der traditionelle Starenkasten noch eine solche Stange.

Es gibt noch eine weitere Aufhängemöglichkeit. Wir befestigen an der Rückwand des Kastens einen Drahtbügel und streifen diesen über einen starken Ast. Doch Achtung: Der Nistkasten muß fest hängen und darf nicht schaukeln.

Stare gehen auch in Kästen, die auf einer hohen Stange stehen, doch andere Singvögel tun dies nicht besonders gern.

An Gebäuden werden Kästen an Ost- und Nordwänden angebracht. Westwände sind meist zu windig, außer das Dach reicht weit schützend herunter. Die Südwände soll man meiden. Sie sind zu stark besonnt, außer ein Baum spendet genug Schatten.

Um sie vor neugierigen Menschen zu schützen, hängen wir die Kästen 200–300 cm hoch. Im eigenen katzensicheren Garten kann der Abstand zum Boden 150 cm betragen. Das Reinigen und Kontrollieren ist so leicht und bequem ohne Leiter durchzuführen.

Man muß darauf achten, daß die Kästen entweder ganz gerade hängen oder etwas nach vorn geneigt sind, damit kein Regenwasser durch das Flugloch nach innen gelangen kann.

Wie viele Nistkästen können aufgehängt werden?

Auf die Frage, wie viele Nistkästen man aufhängen kann, gibt es keine allgemein gültige Antwort. Die Beantwortung hängt von verschiedenen Faktoren ab: klimatische Bedingungen, Höhenlage, Mischwald oder Fichtenreinbestand, Obstwiese oder Hausgarten. Auf jeden Fall ist es nur dort sinnvoll, Nisthilfen anzubieten, wo Vögel auch genügend Nahrung und einen entsprechenden Lebensraum vorfinden. Unzählige Nistkästen in einem extrem gepflegten und »sauberen« Garten haben keinen Sinn. Auch vermeiden wir das Anbringen an Straßen und viel benutzten Wegen. Im übrigen werden zu viele Meisenkästen aufgehängt und kaum etwas für die anderen Arten getan. Darum lesen Sie bitte auch die Ratschläge zu anderen Nistkastentypen, die den Bedürfnissen von Halbhöhlenbrütern, Freibrütern, Schwalben, Baumläufern, Wasseramseln, Turmfalken und Eulen entsprechen.

Die verschiedenen Arten machen sich untereinander Konkurrenz um die Nistplätze. Die Stärkeren vertreiben die Schwächeren. Hat sich eine Blaumeise einen Kasten gewählt mit einem Flugloch, durch das auch eine Kohlmeise paßt, so wird sie von dieser vertrieben. Manchmal sogar, wenn schon Eier im Nest liegen. Deshalb sollte man stets neben Kästen mit großem Fluglochdurchmesser auch solche für Kleinmeisen aufhängen. Falls Sie ein größeres Gebiet mit Nistkästen bestücken wollen, hier ein Ratschlag: Hängen Sie zunächst nur wenige, etwa ein bis zwei Kästen pro ha (= 10 000 m^2) auf. Werden diese von Vögeln belegt, erhöhen Sie das Angebot. Es genügt, wenn etwa $^2/_3$ aller Kästen besetzt sind, die leerstehenden

werden gern als Schlafgelegenheiten genutzt. In Parks kann man im Durchschnitt alle 30–50 m einen Nistkasten befestigen. Es ist aber nicht notwendig, sie in gleichmäßigem Abstand voneinander aufzuhängen, da die Reviere der Singvögel in verschiedenen Richtungen auseinanderlaufen.
In kleineren Gärten bis 400 m^2 reichen vier bis fünf Brutkästen. Wir achten auf einen Abstand von 5–10 m, damit sich die Brutpaare gegenseitig nicht stören. Besonders Kohlmeisenpaare können recht rabiat zueinander sein, während sich ein Kohl- und ein Blaumeisenpaar kaum beachten, wenn jeder seinen Kasten gefunden hat. Schließlich muß man immer dafür sorgen, daß die Vögel freien Anflug haben.

Nistkastenkontrolle

Natürlich sind wir sehr neugierig zu erfahren, was sich im Inneren unseres mit Liebe und Mühe gebastelten Nistkastens abspielt. Doch wir müssen unsere Neugier bezähmen, bis die Jungen geschlüpft sind. Sonst kann es passieren, daß die Vogeleltern ein noch nicht voll bebrütetes Gelege im Stich lassen. Später dagegen verübeln sie einen kurzen Einblick nicht mehr. Doch stören Sie das Paar nicht zu oft. Es ist jedesmal für die Vogeleltern eine schlimme Aufregung, der sie laut schimpfend mit kurzen, scharfen Lauten Ausdruck geben. Und sie brauchen ihre Kraft doch, um die hungrigen Jungschnäbel zu stopfen. Deswegen sollte man nicht mehr als ein- bis zweimal in der Woche nachschauen, außer es liegt ein Grund zur Beunruhigung vor, zum Beispiel, wenn die Eltern nicht mehr regelmäßig Futter bringen.
Achtung: Sobald die Jungvögel voll befiedert sind, muß jede Kontrolle unterbleiben. Denn wenn die jungen Vögel erschrecken, verlassen sie das Nest. Auch dann, wenn sie eigentlich noch nicht flügge sind. Zwar werden sie auch außerhalb der Nisthöhle von den Altvögeln gefüttert, doch sie sind ja noch nicht flugfähig und deshalb vielen Gefahren ausgesetzt. In ihrer Angst flüchten die Jungvögel in ganz verschiedene Richtungen, so daß die Eltern neben der mühsamen Futtersuche noch sehr viel Zeit und Energie aufwenden müssen, die Jungen aufzufinden. Ist das Unglück doch einmal passiert, sammeln wir die herausgehüpften Federbällchen ein und setzen sie wieder zurück. Die Eltern merken nicht, daß wir ihre Kinder in der Hand gehalten haben, denn Vögel haben im Unterschied zu Säugetieren keinen guten Geruchssinn. Doch die Jungen, aufgeregt durch die Prozedur, werden vielleicht wieder herausspringen. Deshalb ist es besser, von vornherein den Nistkasten in dieser Zeit in Ruhe zu lassen.
Und denken Sie daran, wenn Sie irgendwo ein »verlassenes« Vogelkind finden, daß es seine Eltern nicht verloren hat. Diese warten nur im Gebüsch, bis die Menschen weggehen.
Kinder sollten niemals selbständig Nistkastenkontrollen durchführen. Sie ha-

ben noch zu wenig Erfahrung, sind zu neugierig und ungeduldig.

Nistkastenreinigung

Die Nistkastenreinigung ist eine Verpflichtung, die wir beim Anbringen des Kastens auf uns nehmen und die wie viele Pflichten nicht immer Vergnügen bereitet. Verschieben Sie die Reinigung nicht bis ins Frühjahr. Da kann es schon zu spät sein. Manchmal, bei milder Witterung, beginnen einige Singvögel bereits im März mit dem Erstgelege.
Die Höhlenbrüter bauen für jede Brut ein neues Nest, können aber das alte nicht entfernen. So würden die Kästen bald randvoll mit Nistmaterial verstopft sein. Außerdem sammeln sich Flöhe, Zekken, Milben und andere Parasiten an. Mitunter sind schon Nestlinge gestorben, wenn sie von zu vielen Insekten gequält worden sind.
Spätestens im Herbst sollten wir alle Kästen öffnen und reinigen. Besser ist es, das direkt nach jeder Brut zu tun. Dazu muß man aber »seine« Vögel ständig beobachten und genau darüber informiert sein, wann die Jungen ausgeflogen sind. Denn die meisten Singvögel beginnen nur wenige Tage, nachdem die ersten Jungen selbständig sind, mit einem neuen Gelege. Sie müssen also den richtigen Zeitpunkt abpassen. Dazu gehören gute Beobachtungsgabe, Zeit, Geduld und Kenntnisse über die Verhaltensweisen der Singvögel.
Das alte Nest entfernen wir mit einer kleinen Schaufel, einer Gartenhacke, einem alten Löffel oder ähnlichem. Festklebende Verschmutzungen beseitigt man mit kochendheißem Wasser und Bürste. Insektenspray vermeiden wir! Die darin enthaltenen Insektizide töten nicht nur die Parasiten ab, sondern schädigen auch die Vögel. Außerdem belasten Treibgase die Umwelt (Stichwort: Ozonloch!). Das alte Nistmaterial muß nicht unbedingt verbrannt oder in die Mülltonne geworfen werden, man kann es auch auf den Komposthaufen geben.
Wichtig: Keine lockeren und morschen Brutkästen hängen lassen. Ein durch Gedankenlosigkeit vergessener, mit Eiern oder Jungvögeln herabgestürzter Kasten ist ein trauriges Ereignis. Dieser jammervolle Anblick wird sich gerade bei Kindern sehr belastend einprägen.
Wenn wir bei unseren Kontrollen feststellen, daß andere Tiere den Nistkasten zu ihrem Heim erkoren haben, zum Beispiel Sieben- und Gartenschläfer, Haselmäuse, Gelbhalsmäuse, Hummeln, Wespen, Hornissen oder Fledermäuse, so freuen wir uns darüber. Auch alle diese Tiere haben ihre Daseinsberechtigung und verdienen unsere Hilfe. Erlebnisse und Erkenntnisse vervielfachen sich, wenn wir unsere Zuneigung nicht nur auf Singvögel beschränken, sondern die gesamte belebte Natur einschließen.
Besonders wenn Fledermäuse in den Kästen angetroffen werden, ist höchste Vorsicht und Rücksichtnahme geboten. Die Tiere werden in ihrem Überleben durch den Menschen bereits sehr be-

droht. Fledermäuse sind sehr störempfindlich. Wir schließen sofort wieder den Kasten und bringen in der Umgebung spezielle Fledermauskästen an, in denen sie besser geschützt sind. Informieren Sie sich bitte über Fledermauskästen in entsprechenden Büchern.

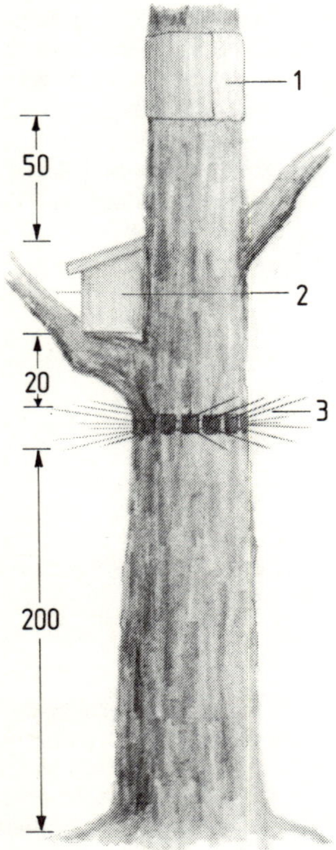

Schutzvorrichtungen gegen Nesträuber (Maße in cm); 1 Blechmanschette, 2 Eulenkasten, 3 käuflicher Abwehrgürtel

Schutz vor Nesträubern

Katzen, Marder und Eichhörnchen gehen gern auf Vogelfang. Im Handel gibt es einen speziellen Abwehrgürtel, den man unterhalb des Kastens um den Baum legt. Man kann auch Stacheldraht und Dornenzweige etwa 50 cm breit um den Stamm wickeln oder ebenso breite Blech- bzw. Hartkunststoffstreifen anbringen (im Fachhandel). Achtung: Marder und Katzen springen sehr hoch! Deshalb muß man den Schutz mindestens 200 cm über dem Boden anbringen, sonst wird er übersprungen.

Doch nicht nur von unten ist die Vogelbrut bedroht. Über Nachbarbäume können die Feinde ebenso von oben herabklettern. Deshalb ist auch über dem Kasten ein Schutz anzubringen. Der Abstand vom oberen Schutzring zum Nistkasten muß genügend groß sein, damit zum Beispiel ein Eichhörnchen oder ein Marder nicht einfach über das Blech rutscht und auf dem Nistkastendach landet. Es gehört schon etwas Gespür dazu, einen sicheren Platz für seine Lieblinge zu finden. Beachten Sie grundsätzlich: Der Kasten darf nicht zu niedrig hängen (die angegebenen 150 cm beziehen sich nur auf einen Garten, der vor Nesträubern sicher ist), und der Baum sollte so frei stehen, daß von den Nachbarbäumen keine Feinde hinüberklettern können.

Dort, wo Spechte häufig als Nesträuber auftreten, nagelt man um das Flugloch ein Blech. So wird der Specht daran

gehindert, das Flugloch aufzumeißeln und die Vogelbrut herauszuholen. Sie können dazu das Blech jeder beliebigen Konservenbüchse verwenden. Doch achten Sie darauf, daß keine scharfen Kanten überstehen, damit sich die Vogeleltern nicht verletzen. Am besten hält man einige Millimeter Abstand zum Einflugloch.

Auch Elstern und Eichelhäher plündern Vogelnistkästen, wenn das Einschlupfloch groß genug für sie ist oder sie es irgendwie schaffen, den Kasten zu öffnen. Besonders gefährdet sind Halbhöhlenkästen. Es ist im Sinne des Gleichgewichtes in der Natur, daß einige Singvögel Feinden zum Opfer fallen; selbst wenn es bitter für uns ist, daß es gerade einen »unserer« Vögel trifft. Eichelhäher, Elstern, Spechte, Marder und Eichhörnchen haben schließlich auch Junge im Nest, die mit Nahrung versorgt werden müssen.

Nur dann, wenn sich ein Nesträuber auf das Ausnehmen von Nistkästen spezialisiert, sind wir aufgerufen einzugreifen. Gegen Eichelhäher und Elstern hilft besonders bei Halbhöhlenkästen eine Verkleidung mit Maschendraht, durch den die Vogeleltern gerade noch hindurchkommen, die Feinde aber nicht mehr.

Marder und Katzen ziehen häufig die Nestlinge mit der Pfote durch das Flugloch heraus. Eine Spirale oder ein Tubus aus Hartkunststoff vor dem Flugloch hilft. Die Vogeleltern schlüpfen hier hindurch, für Katzen- und Marderpfoten aber wird der Eingang zu lang und zu eng. Falls Sie einen solchen Tubus aus Hartgummi oder Plastik verwenden, dann achten Sie darauf, daß der Durchmesser stimmt. Er muß genauso groß wie das Einflugloch sein, und dieses wird dann entsprechend erweitert, damit der Tubus eingesteckt werden kann.

Schon durch entsprechenden Bau des Kastens kann man viele Anschläge auf das Leben der Nestlinge vereiteln. So soll der Abstand vom Bodenbrett zum Flugloch mindestens 15 cm betragen, eben damit Marder und Katzen nicht so einfach hineinlangen können. Allerdings darf der Abstand nicht noch größer sein, sonst gelingt es den flüggen Jungvögeln nur schwer oder gar nicht, aus dem Kasten zu krabbeln.

Seite 35:
Oben: Brutröhre für den Steinkauz im Obstbaum (siehe Seite 47 f.).
Unten: Ein Star füttert ein Junges.

Seite 36:
Oben: Die Goldammer (siehe Seite 50 ff.) brütet fast immer am Boden zwischen hohem Gras, an Feldrainen, in Wiesen und auf Lichtungen. Mit Nistkästen können wir ihr nicht helfen, sondern nur dadurch, indem wir dafür sorgen, daß solche Brutmöglichkeiten erhalten bleiben.
Unten: Rauchschwalbe füttert ihre Jungen (siehe Seite 42 ff.).

Andere Nisthilfen

Seite 37:
Grauschnäpper erbeuten die Insekten meist im Flug aus der Luft. Sie bauen ihre Nester gern in Spalieren an Hauswänden, sie brüten aber auch in Nischen und Halbhöhlen-Nistkästen (siehe Seite 39).

Seite 38:
Oben links: Der Zeisig kommt bei uns im Winter gerne ans Futterhäuschen.
Oben rechts: Die Türkentaube gehört zu den Vögeln, die uns bis in die Innenstädte gefolgt sind. Unten: Reichhaltig bepflanzter Garten mit Futterhäuschen.

Die Vögel wollen den Kasten nicht annehmen

Schon viele haben ihrer Meinung nach schöne Nistkästen aufgehängt, aber trotzdem läßt sich kein Vogel sehen.
Das kann verschiedene Ursachen haben. Eine Möglichkeit wäre, daß Ihr Garten zu klein oder zu gepflegt ist. Eine andere ist, daß der Kasten ungünstig hängt, so daß er dem Wetter zu sehr ausgesetzt ist oder zu häufig von Tieren und Menschen aufgesucht wird. Manchmal gibt es auch zu viel Gebüsch und störende Äste in der Anflugrichtung. Vielleicht haben Sie Kastengröße und den Durchmesser des Einflugloches nicht richtig gewählt, oder es gibt in Ihrer Umgebung gar keine Vogelarten, die in Höhlen brüten.
In anderen Fällen kann man keinen definitiven Grund angeben. Hier kann ich nur raten, den Platz so lange zu wechseln, bis der Kasten bezogen wird. Manchmal genügt ein Stellungswechsel von nur einigen Metern, um den Brutkasten den Vögeln attraktiver erscheinen zu lassen. Doch hängen Sie ihn nun nicht alle paar Tage um. Ich würde jeweils eine Saison geduldig abwarten.

Andere Nisthilfen

Bau eines Nistkastens für Halbhöhlenbrüter

Hausrotschwanz, Grauschnäpper, Bachstelze, Rotkehlchen, auch Gartenrotschwanz und manchmal sogar Zaunkönig brüten in Nischen und Halbhöhlen. Auch sie sind in unserer sauberen ausgeräumten Umwelt selten geworden. Durch eine künstliche Halbhöhle können wir vielleicht die eine oder andere Vogelart verführen, in unserem Garten zu brüten. Der Halbhöhlenkasten ist fast noch leichter zu bauen als der vor-

her beschriebene Nistkasten. Wir brauchen sechs Holzbretter mit 2 cm Dicke, die wir aneinanderleimen und nageln. Die beiden Abzuglöcher von 0,5 cm in der Bodenplatte dürfen nicht vergessen werden.
Die Halbhöhle kann man sowohl an Baumstämmen als auch am Haus, dem Balkon oder der Veranda anbringen. Dabei sind die gleichen Voraussetzungen zu beachten wie beim Aufhängen des geschlossenen Nistkastens.
Da aus dem Halbhöhlenkasten besonders leicht Junge herausgeholt werden können, hängen wir den Kasten sicher und hoch genug auf. Gibt es in der Nähe viele Elstern, Krähen oder Eichelhäher, bringen wir Maschendraht an, durch den die Eltern hindurchschlüpfen können, die Nesträuber aber nicht mehr.

Nistkasten für Halbhöhlenbrüter
(Maße in cm)
Materialliste
Dach: 20 × 22 cm
Boden: 12 × 14 cm
2 Seitenwände: je 16 × 20 cm (Oberseite von 20 cm auf 17 cm abschrägen)
Rückwand: 12 × 20 cm
Vorderwand: 16 × 10 cm
Brettstärke: 2 cm
Nägel bzw. Schrauben

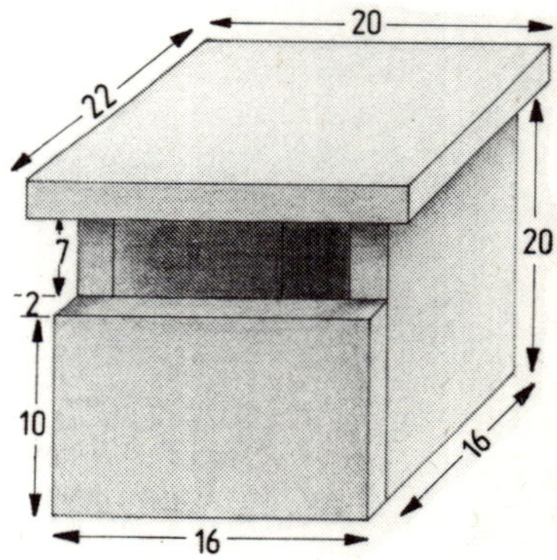

Bau eines Baumläuferkastens

Baumläufer sind kleine, unscheinbar braune Vögel mit langem, gebogenem Schnabel. Geschickt laufen sie an Baumstämmen empor. Es gibt bei uns zwei Arten, den Wald- und den Gartenbaumläufer. Äußerlich sind sie kaum zu unterscheiden. Nur der Vogelstimmenkenner kann sie leicht an ihrem verschiedenartigen Gesang bestimmen. Sie brüten hinter abstehender Rinde oder zwischen gespaltenem Holz. Weil es solche Bäume nur noch selten in den bewirtschafteten Wäldern und Parkanlagen gibt, können wir ihnen mit Nistkästen Hilfe anbieten.

Das Einschlupfloch muß immer ein länglicher Schlitz sein, der sich an der Seitenwand in Stammnähe befindet. Der Schlitz sollte nach Südost ausgerichtet sein, damit kein Regenwasser eindringen kann.
Es gibt drei Möglichkeiten, eine Nisthilfe für Baumläufer zu bauen. Die erste ähnelt dem Kasten für Höhlenbrüter. Allerdings ist die Vorderseite geschlossen, dafür befindet sich das Einflugloch an der Seite dicht am Stamm.

Baumläuferkasten

Bei der zweiten Variante bauen wir den Kasten ohne Rückwand, diese bildet der Baum. Damit der Kasten fugenlos anliegt, buchtet man Dach und Bodenfläche entsprechend der Rundung des Baumes aus.
Das dritte Modell ist noch einfacher und schneller zu fertigen. Wir brauchen zwei 25 cm lange und 8 bzw. 10 cm breite Bretter, die im spitzen Winkel aneinandergeleimt und eventuell verkeilt werden. Als Dach- und Bodenfläche verwenden wir zwei Dreiecke mit einer Kantenlänge von 8 bzw. 10 cm. An der Seite muß ein Schlitz als Flugloch angebracht werden. Man kann auch Nisthilfe durch an den Stamm gebundene Zweige bieten (siehe Seite 51).
Vorsicht bei Nestkontrollen! Baumläufer sind sehr störungsempfindlich!

<u>Materialliste linker Kasten</u>
Dach: 18 × 16 cm
Boden: 8 × 11 cm
zwei Seitenwände: je 11 × 25 cm (Oberseite von 25 auf 23 cm abschrägen)
Vorderwand: 23 × 12 cm
Brettstärke: 2 cm

<u>Materialliste rechter Kasten</u>
1 Seitenwand: 10 × 25 cm
1 Seitenwand: 8 × 25 cm
Dach und Boden: Dreiecke 10 × 10 × ca. 15 cm (14,8 cm)
Brettstärke: 2 cm

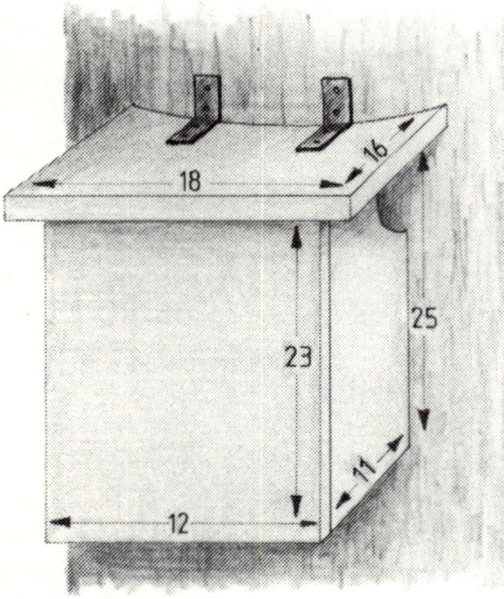

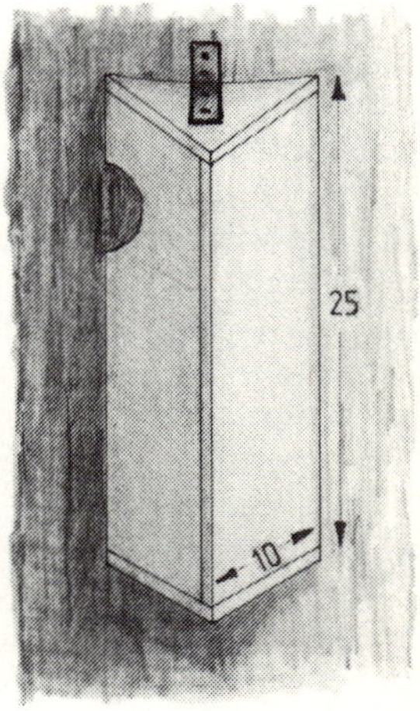

Baumläuferkästen werden mit Winkeln am Baum befestigt (Maße in cm). Zum Säubern nimmt man den gesamten Kasten ab. Von einer Kontrolle während des Jahres sollte man absehen, da Baumläufer sehr störungsanfällig sind.

Nisthilfen

Hilfe für Wasseramseln

Die Wasseramsel brütet am Ufer oder unter Brücken von schnellfließenden Bächen und Flüssen. Vor allem aber müssen diese Gewässer sauber sein. Da heutzutage viele Wasserläufe begradigt und die Ufer betoniert sind, findet die Wasseramsel kaum noch Nischen für ihr großes, kugelförmiges Nest. Auch die modernen, glatt verputzten Brücken bieten keine Nestunterlagen mehr.
Wir bauen für die Wasseramsel einen Kasten wie in der Zeichnung dargestellt. Der Kasten sollte nicht zu hoch über dem Wasser hängen, muß aber trotzdem vor Hochwasser sicher sein! Die Wasseramseln beginnen sehr frühzeitig zu brüten. Mitunter bereits im Februar und März. Die Frühjahrshochwasser sind dann noch nicht vorüber und können dem Gelege bei zu niedriger Aufhängung gefährlich werden.
Doch der beste Platz und der schönste Kasten sind umsonst, wenn es gar keine Wasseramseln gibt. Sie können diese Tiere leicht entdecken, wenn Sie am Fluß entlang wandern. Mit ihrem weißen Brustlatz sind die ansonsten braunen, etwa starengroßen Vögel sehr auffällig. Vielleicht beobachten Sie auch, wie sich der Vogel kopfüber in die Fluten stürzt und unter Wasser auf Nahrungssuche geht. Die Wasseramsel kann hervorragend schwimmen, tauchen und sogar am Gewässergrund herumlaufen.

Nistkasten für die Wasseramsel (Maße in cm).
Materialliste
Dach: 52 × 32 cm (15 cm langes Stück absägen, siehe Zeichnung)
Boden: 30 × 28 cm
Rückwand: 40 × 32 cm
2 dreieckige Seitenteile: je 52 × 32 × 40 cm
2 Scharniere, Nägel bzw. Schrauben

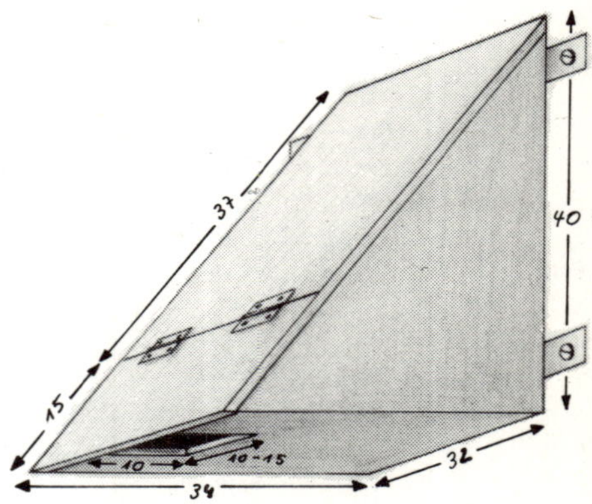

Hilfe für Schwalben

Mehlschwalben brüten außen an den Häusern unter dem Dachrand. Rauchschwalben dagegen bauen ihr Nest in Gebäuden, Ställen, Schuppen und Scheunen.
Früher waren die kleineren Mehlschwalben mit dem weißen Fleck am Rücken und die Rauchschwalben – erkennbar an der rostroten Kehle – ein vertrauter Anblick in unseren Ortschaften. Heute sind diese schönen, eleganten Flieger schon sehr selten geworden. Nicht weil sie so einen langen, gefährlichen Weg

Hilfe für Schwalben

ins Winterquartier bis nach Afrika zurücklegen müssen, sondern weil sie bei uns kaum noch geeignete Lebensbedingungen vorfinden. Die fast ausschließliche Nutzung der Landschaft durch den Menschen läßt den Tieren kaum noch Überlebenschancen, und durch Insektizide vernichten wir ihre Nahrung, die Insekten.
Dort, wo noch Schwalben vorkommen, können wir helfen. Zum Nestbau brauchen die Tiere feuchte Erde, Schlamm oder Lehm. Früher fanden die Vögel dieses Baumaterial auf den Dorf- und Feldwegen. Nach Regenfällen blieben genug Pfützen zurück. An deren Rand pickten die Vögel die Erde auf. Heute sind fast alle Wege und selbst die Höfe asphaltiert. Kaum noch ein Fleckchen Erde ist frei geblieben. Wir legen deshalb künstliche Pfützen an. Auf eine wasserundurchlässige Plastikplane schütten wir Lehm, tonige Erde und anderes bindefähiges Bodenmaterial.

Doch viele Menschen schlagen die fertigen Nester an ihren Häusern wieder herunter, weil sie keinen Schmutz wollen. Wir reden freundlich mit den Hausbesitzern und bitten sie, ob wir kleine Brettchen unter den Nestern anbringen dürfen, damit die Kotspritzer aufgefangen werden. Bei dieser Gelegenheit kann man auch gleich Brettchen als Stütze für die Nester befestigen, denn die Mehlschwalben haben es schwer, an den heute meist glatt verputzten Außenwänden ihre Kugelnester haltbar anzukitten. Oft passiert es, daß die Nester mitten in der Brutzeit herabbrechen. Die Jungvögel liegen dann tot auf der Straße, und die Eier sind zerbrochen. Bringt man mehrere solcher Brettchen (Koloniebrüter!)

In einer künstlich angelegten Pfütze mit Lehm und toniger Erde finden Schwalben das Baumaterial für ihre Nester.

Nisthilfen

Auffangbrett für Schwalbenkot; Grundplatte 140 × 20 cm, zwei Stützbretter 10 × 12 cm, Brettstärke beliebig, zwei Langbleche 16 × 2 cm, acht Schrauben, vier Dübel, Nägel zum Befestigen der Stützbretter an der Grundplatte.

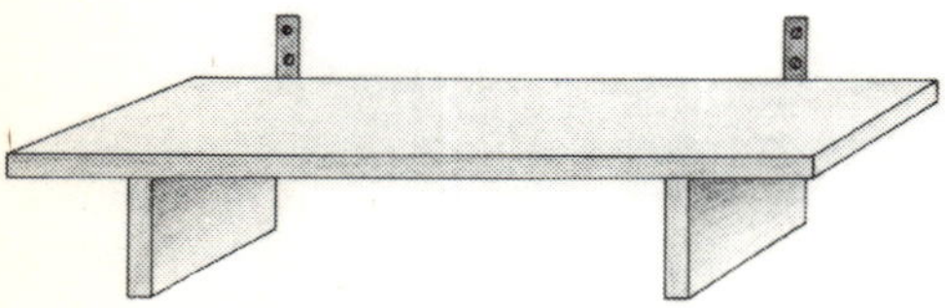

an Häusern an, wo bisher noch keine Mehlschwalben nisteten, kann man sie vielleicht sogar anlocken. Vorausgesetzt, es gibt in der Umgebung überhaupt Mehlschwalben.

Es wird auch vorgeschlagen, schon fertige, entweder gekaufte oder aus Papier und Tapetenleim gebastelte Nester anzuhängen. Doch damit greift man zu sehr in die Verhaltensweisen der Schwalben ein. Das Nestbauen ist ein wichtiger Aspekt des Brutverhaltens und stimuliert die Brutbereitschaft und den Paarzusammenhalt. Es ist besser, wir machen uns die kleine Mühe und bereiten den Schwalben – wie beschrieben – eine Lehmgrube.

Auch Rauchschwalben kann man mit einer Brettunterlage den Nestbau erleichtern. Da sie in geschlossenen Räumen brüten, müssen wir vor allem dafür sorgen, daß immer Tag und Nacht ein Fenster offensteht oder daß es einen anderen Einschlupf gibt. Die alten Nestern entfernen wir nicht! Sonst fühlen sich die Rauchschwalben gestört und müssen sich einen neuen Platz suchen. Die alten Nester werden von den Vögeln ausgebessert und aufgestockt.

Hilfe für Mauersegler

Der Mauersegler wird von vielen Menschen mit einer Schwalbe verwechselt. Er gehört aber einer ganz anderen Vogelfamilie an, den Seglern. Doch sieht er für den Nichtvogelkenner ähnlich aus wie eine Rauchschwalbe. Der Mauersegler hat ein dunkles Federkleid, einen gegabelten Schwanz und lange sichelförmige Schwingen. Er zeigt seine Flugkunststücke besonders an Kirchturmspitzen und anderen hohen Gebäuden. An Sommerabenden jagen die Segler im Pulk über Dächer und Straßen und stoßen laute schrille Schreie aus.

Ursprünglich waren die Mauersegler bei uns nicht heimisch. Im Mittelalter kamen sie in manchen Jahren, wenn sie sich sehr vermehrt hatten, aus östlichen Ländern bis nach Deutschland. Den Menschen waren damals diese schwarzen, fremden Vögel mit dem schrillen Shri-Schrei unheimlich. Vor allem weil sich manchmal, ebenso unverhofft wie diese Vögel, auch die Pest ausbreitete und viele Opfer forderte. Deshalb nannte man die Mauersegler auch Pestvögel. Mauersegler können jedoch die Pest nicht übertragen. Es war nur ein zufälliges Zusammentreffen beider Ereignisse.

Heute brüten Mauersegler regelmäßig

Turmfalkenkasten

bei uns. Ursprünglich sind sie eigentlich Felsenbrüter. Doch haben sie sich in den Städten einen neuen Lebensraum erschlossen. Sie legen ihre Eier nur in die höchstgelegenen Gebäudenischen. Bei Neubauten und Ausbesserungen wäre es möglich, Einschlüpfe für die Vögel offenzulassen, und im Handel gibt es sogar Niststeine, die man in Dachnähe einbauen könnte. Leider baut man immer häufiger fugenlos und versperrt vorhandene Nischen. Deshalb können wir mit Nistkästen unter Dachüberständen den rasanten Fliegern helfen. Da sie Koloniebrüter sind, müssen es möglichst viele Kästen sein. Hinein geben wir eine etwa 2 cm dicke Torf- oder Sägemehlschicht.
Der Anflug darf nicht durch Bäume oder andere Gebäude verdeckt sein.

Hilfe für Turmfalken

Auch der Turmfalke brütete ursprünglich in Höhlungen und Nischen von Felswänden und manchmal in hochgelegenen Baumhöhlen. Als aber die Bauwerke der Menschen immer höher und zahlreicher wurden, fand der Turmfalke in unseren Städten einen neuen Lebensraum. Doch um Verschmutzungen zu vermeiden, werden die Einfluglöcher häufig zugemauert. Dem Turmfalken ist sehr einfach zu helfen, denn er nimmt gern entsprechende Nistkästen an. Da er keine Niststoffe zum Nestbau einträgt, sollten wir mit einer dünnen Torf-, Mulm- oder Sägemehlschicht vorsorgen. In jedem Jahr erneuern wir diese Schicht. Die Kästen sind möglichst hoch an Häusern, Scheunen, Bäumen und Pfählen anzubringen, und auf freien Anflug ist zu achten.

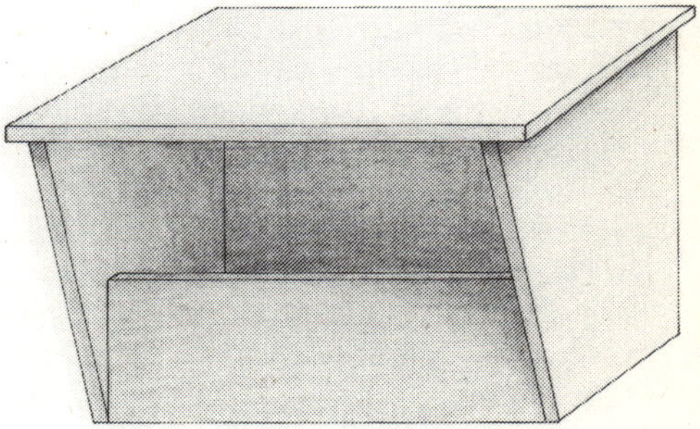

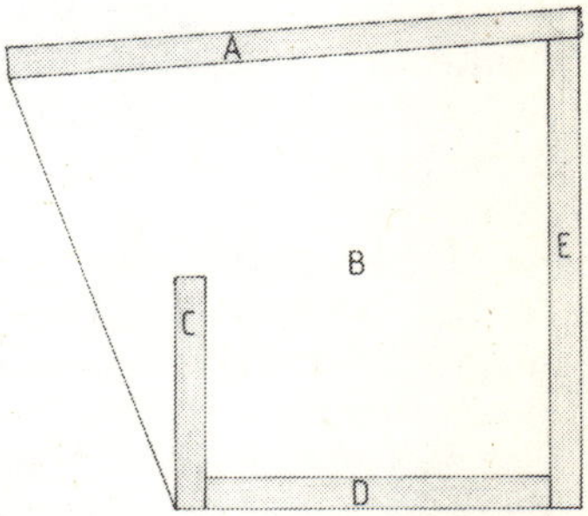

Ein Turmfalkenkasten wird mit Holzmull oder Sägespänen ausgepolstert.

Materialliste
Dach (A): 47 × 35 cm
2 Seitenwände (B): je 28 × 35 cm (Ober- und Vorderseite abschrägen)
Vorderwand (C): 41 × 14 cm
Boden (D): 41 × 23 cm
Rückwand (E): 41 × 28 cm
Brettstärke: 2 cm
Nägel bzw. Schrauben

Nisthilfen

Hilfe für Hohltauben

Sehr selten sind die Hohltauben geworden. Dort, wo sie noch vorkommen, kann man versuchen, den Bestand durch das Anbieten von Nistkästen zu erhalten. Man muß allerdings schon ein geübter Vogelkenner sein, um eine Hohltaube überhaupt zu erkennen. Sie unterscheidet sich von der häufigeren Ringeltaube, die ihre Nester auf Bäumen aus Zweigen und Reisig baut, dadurch, daß sie kleiner ist und keine weißen Flügelabzeichen besitzt. Dafür hat sie zwei kurze, schwarze Streifen an der hinteren Flügelbasis.
Ein geübter Vogelbeobachter verwechselt sie auch nicht mit den Turtel- und Türkentauben. Die Felsentaube, der sie außer derer weißen Bürzel sehr ähnlich sieht, kommt nur in südlichen Ländern vor.
Den Nistkasten baut man so wie für den Rauhfußkauz. Doch geht die Hohltaube auch in andere Nistkästen, wenn sie ein großes Flugloch von etwa 9 cm Durchmesser haben. Die Kästen werden unbedingt 6 m und höher gehängt. Der Anflug darf nicht durch Äste behindert sein.
Hohltauben bevorzugen ruhige alte Buchen- und Kiefernwälder. Fichten- und junge Buchen- und Kiefernwälder sind ungeeignet, da hier die Hohltauben ihren Hauptfeind, den Habicht, wegen des dichten Bewuchses nicht rechtzeitig entdecken können.

Kasten für Hohltauben und Rauhfußkauz (Maße in cm)
Materialliste
Dach: 34 × 34 cm
Boden: 28 × 26 cm
2 Seitenwände: je 40 × 30 cm (Oberseite von 40 auf 35 cm abschrägen)
Rückwand: 40 × 26 cm
Vorderwand: 30 × 34 cm. (Ein 1 cm breiter Streifen bleibt unter dem Dach offen, damit man die Tür öffnen kann.)
Brettstärke 2 cm
2 Scharniere, Haken, Nägel bzw. Schrauben

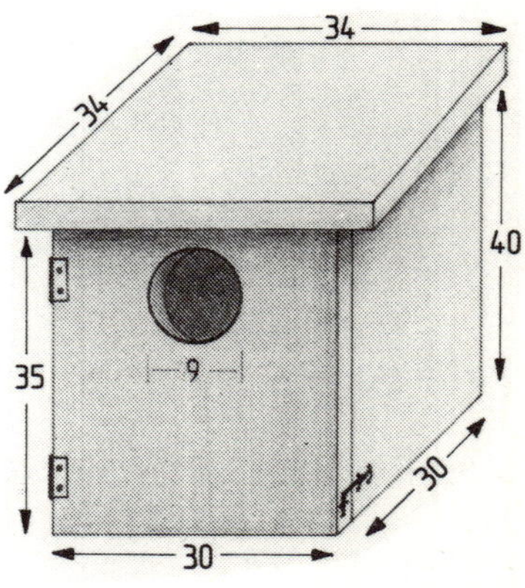

Hilfe für Eulen

Auch die Eulen leiden unter Wohnungsnot. Sie brauchen große Höhlen, die zum Beispiel durch Fäulnis in alten Bäumen entstehen. Doch diese Gehölze gelten als krank und unwirtschaftlich und werden deshalb aus den Baumbeständen in Parkanlagen und Wäldern herausgeschlagen.

Hilfe für Eulen —

Mit großen Nistkästen aus Holz oder Holzbeton kann versucht werden, diesen Verlust auszugleichen. Doch der Aufwand ist in jedem Fall größer, als wenn Sie einen kleinen Singvogelkasten bauen. Außerdem muß man sich schon gut mit Eulen auskennen, denn Sie müssen wissen, welche Eulenart in Ihrer Umgebung vorkommt, um die richtige Bruthilfe anzubieten. Wer gern diesen Tieren helfen möchte, kann sich vielleicht einer der Aktionsgruppen »Eulenschutz« anschließen (beim Bund Naturschutz nachfragen).

Nisthilfe für den Waldkauz

Künstliche Nisthöhlen für den Waldkauz sehen aus wie übergroße Meisenkästen. Sie werden mindestens 4 m hoch an Bäumen in Wäldern und geschlossenen Parkanlagen aufgehängt.

Nisthilfe für den Rauhfußkauz

Dieser Kauz brütet vor allem in Nadelwäldern. Der Rauhfußkauz nimmt mit einem einfachen Kasten vorlieb, wie wir ihn auch für die Hohltaube basteln. Den Kasten befestigen wir mindestens 7 m hoch an einem Baum mit übersichtlichem Anflug.

Nisthilfe für den Steinkauz

Der Steinkauz bewohnt offene Landschaften. Es hat keinen Zweck, Nisthilfen in geschlossenen Waldungen für ihn zu errichten. Da er sich von Insekten, Regenwürmern, Tausendfüßern und Mäusen ernährt, braucht er eine Umgebung, in der diese Tiere reichlich vorkommen. Der Steinkauz brütet nur in Höhlungen, die über längere Strecken waagerecht verlaufen. Früher fand der Kauz solche Höhlen in alten Obstbaumbeständen und Kopfweiden. Doch diese Gehölze sind selten geworden. Manchmal zieht er seine Jungen auch in Kaninchenbauten, zwischen Strohballen in Scheunen und in Gebäudenischen auf. Doch findet der Steinkauz in unserer »sauberen« Umwelt immer schwerer Brutplätze.
Wir können in einer ansonsten steinkauzgemäßen Umwelt den nächtlichen Vogel mit einer Nisthilfe unterstützen. Zum Bau gehört aber schon etwas handwerkliches Geschick. Wir basteln entweder eine fast 100 cm lange Röhre aus einzelnen Holzlatten oder einen ebensolangen und 20 cm hohen Kasten (siehe auch Foto Seite 35). Beim Kasten wird der Deckel, bei der Röhre die hintere Seite als Kontroll- und Reinigungsklappe ausgebildet.
Da der Steinkauz keinen Kot austrägt, bekommt der Boden einen bzw. zwei Roste. Wichtig sind die beiden versetzten Einschlupflöcher. Dazu benötigen wir zwei Bretter. In diese werden zwei Löcher von 7 cm Durchmesser gegeneinander versetzt ausgesägt. Die beiden Bretter werden im Abstand von 80 cm hintereinander eingebaut. Bevor diese mardersichere Bauart entwickelt wurde, spezialisierten sich Nesträuber darauf, systematisch künstliche Nisthilfen abzusuchen.

Nisthilfen

In das erste Brett bohren wir noch ein 2 cm kleines Sichtloch genau gegenüber dem zweiten Einschlupf.
Um einen Wärmestau im Kasten zu verhindern, ein Hauptproblem vieler Steinkauzkästen, fertigt man ein Doppeldach. Das untere erhält viele Luftlöcher und deckt den Kasten exakt ab. Das obere ragt nach allen Seiten über und wird am besten aus wasserfestem Sperrholz hergestellt.
Die Röhre, die aus den Holzlatten zusammengenagelt ist, wird mit Dachpappe umwickelt. Der untere Teil bleibt jedoch frei, damit Feuchtigkeit ablaufen kann. Eine Schilfmatte, die zusätzlich um die Röhre gewickelt wird, sieht schön aus und schützt vor allzu starker Erhitzung. Direkte Sonnenbestrahlung muß man vermeiden!
Die Niströhren oder -kästen werden waagerecht in 300–500 cm Höhe auf Äste von Obstbäumen oder Eichen gebunden. Sie können auch am Haus, möglichst weit oben am Giebel, angebracht werden. Man sollte das aber bereits im Spätsommer tun, denn Steinkäuze suchen ab September nach künftigen Brutplätzen.
In der Nähe der Niströhre braucht das Kauzpaar einige hochstämmige Apfelbäume, Kopfbäume und Eichen als Tagesverstecke, da die Tiere sich tagsüber gern draußen aufhalten und es sogar lieben, sich zu sonnen.

Nisthilfe für die Schleiereule

Nur dort kann man der Schleiereule mit einem Nistkasten helfen, wo sie auch leben kann, also in Dörfern und an Siedlungsrändern, wo es noch Hecken, Brachland, Wiesen und Wälder gibt. Wir bauen einen etwa 100 cm langen und 60 cm breiten Kasten. Doch die Schleiereule möchte es nicht nur geräumig, sondern auch dunkel haben. Deshalb teilen wir das Stück, in dem sich das Einschlupfloch befindet, durch eine etwa 30 cm breite Querwand ab. Es bleibt gerade ein Zwischenraum von ungefähr 30 cm, durch den die Eule zur dahinter gelegenen Nistkammer gelangt.
Es ist günstiger, den Kasten innen im Dachboden aufzustellen, in der Nähe einer Öffnung nach außen. Wenn die Jungen nämlich groß genug sind, kom-

Schleiereulenkasten
Materialliste
Deckel und Boden (A + B): je 100 × 60 cm
Seitenwände (C): je 56 x 46 cm
Vorder- und Rückwand (D + E): je 100 × 46 cm
Trennwand (F): 30 × 46 cm
4 Eckpfeiler (G): je 46 × 3 × 3 cm
2 Verstärkungsrippen (H1): 46 × 3 × 3 cm
2 Verstärkungsrippen für Dach und Boden (H2): 52 × 3 × 3 cm
Anflugbrett, wird unten am Flugloch befestigt (K): 15 × 10 cm
Brettstärke: 2 cm
Eckiges Einflugloch: 12 × 15 cm
2 Scharniere, Nägel bzw. Schrauben

Hilfe für Eulen

men sie heraus und versuchen sich mit Flugübungen. Bringt man nun den Kasten mit dem Einflugloch direkt zur Außenwand an, stürzen die noch tapsigen Jungeulen bei ihren ersten Flugversuchen womöglich in die Tiefe. Dort, wo Schleiereulen nisten, ist natürlich für Katzen und Marder »Eintritt verboten«!

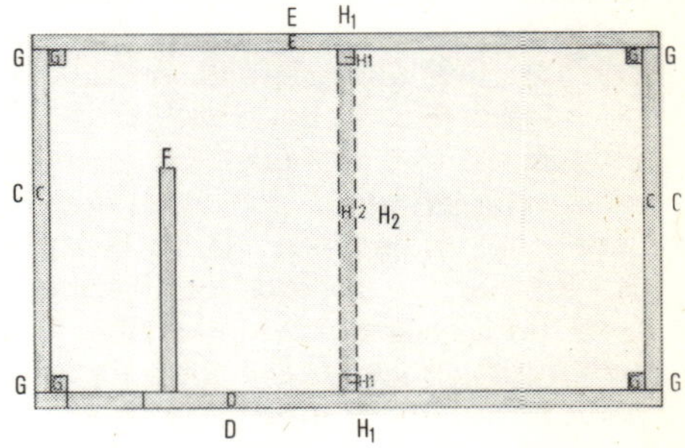

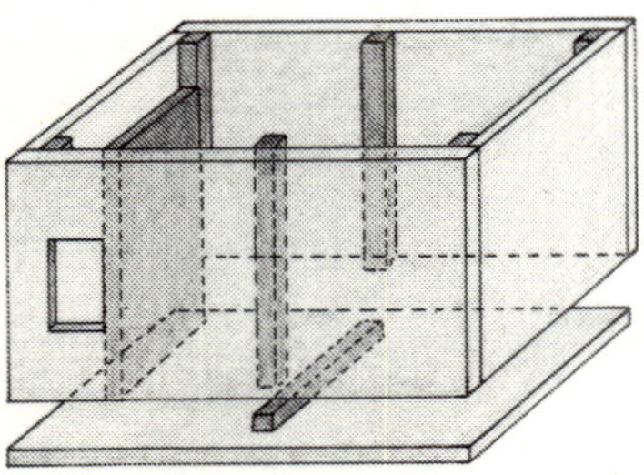

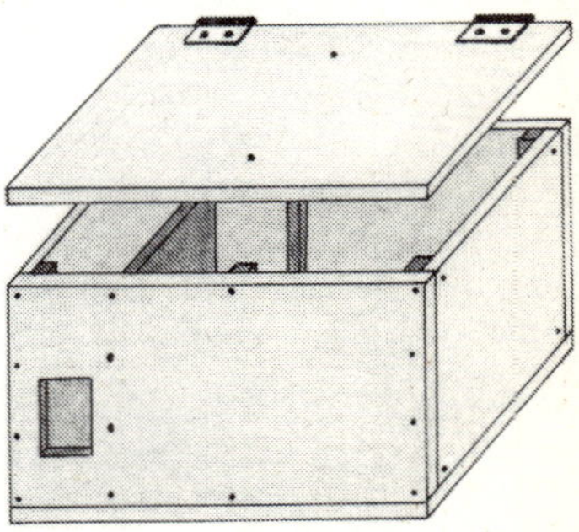

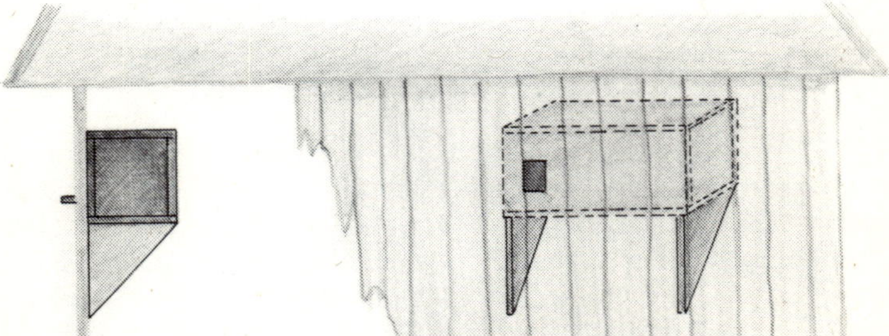

Nisthilfen

Wissenswertes über Eulen

So einfach wie Meisen und Stare lassen sich Eulen nicht mit künstlichen Nisthilfen locken. Sie sind viel argwöhnischer und scheuer als Singvögel. Erst allmählich gewöhnen sie sich an unsere Holzkästen. Wenn sich nicht gleich die gewünschte Art einfindet, so können solche Kästen doch für viele andere Tiere eine Hilfe sein. Zum Beispiel als Übernachtungsplatz für Schwarz-, Grün- und Grauspechte oder als Brutkasten für Dohlen. Vielleicht pappt ein Kleiber mit Lehm und Speichel das Flugloch so weit zu, daß er gerade noch hindurchschlüpfen kann. Man sollte Eulenkästen nicht nach eigenem Belieben in den Wald hängen. Setzen Sie sich zuvor mit der Naturschutzbehörde in Verbindung. Denn zum Beispiel dort, wo es noch Rauhfußkäuze gibt, sollten Sie keine Waldkauzkästen aufhängen. Denn der größere Waldkauz schlägt und tötet den Rauhfußkauz, besonders die noch unerfahrenen Jungen. Dem Waldkauz kann auch der Sperlingskauz zum Opfer fallen. Da diese beiden genannten Arten sehr selten sind, unterlassen wir es dort, wo sie noch vorkommen, den relativ häufigen Waldkauz zu unterstützen.
Sehr gefährlich für Eulen und ihre Brut sind die Marder. Gerade indem wir die Eulen in Kästen locken, die auch für den Marder viel auffälliger sind als eine versteckte Baumhöhle, gefährden wir den Eulenbestand. Deshalb sollte man für den Steinkauz nur das beschriebene mardersichere Modell verwenden. Für die anderen Nisthilfen wählen wir einzeln stehende Bäume aus, die einen Mindestabstand von 400 cm zum nächsten Baum haben, denn so weit kann der Marder nicht springen. Zusätzlich legen wir Blechmanschetten um den Stamm, damit der Marder den Baum nicht erklettern kann (siehe Seite 33).

Hilfe für Freibrüter

Die wenigsten Vogelfreunde denken bei Nisthilfen auch an die freibrütenden Arten. Dabei haben es diese in unserer Kulturlandschaft genauso schwer, einen geeigneten Nistplatz zu finden wie die Höhlenbrüter. Als Freibrüter bezeichnet man alle Singvögel, die ihr Nest in Büschen, auf Bäumen und am Boden bauen, das sind zum Beispiel Goldammer, Buchfink, Feldlerche, Baumpieper, Zilpzalp, Gelbspötter und Gartengrasmücke.

Hilfe für Freibrüter

Am sinnvollsten helfen wir, wenn wir Hecken und Strauchgruppen anpflanzen. Man darf nur einheimische Gehölze verwenden und sollte möglichst viele verschiedene Arten anpflanzen.

Wichtig ist es, auch dornige Sträucher als Schutz gegen Katzen, Marder, Wiesel und Iltis mitwachsen zu lassen.

Bei einigen Sträuchern kann man durch einen Quirlschnitt einen dichten Wuchs und sogenannte Nistkronen erzielen. Geeignet sind Weide, Weißdorn, Hainbuche, Pfaffenhütchen, Heckenkirsche und Feldahorn. Diesen Quirlschnitt führt man im Winterhalbjahr an 150–200 cm hohen Gehölzen durch. Die Spitze eines oder mehrerer Triebe wird gekappt. Dort bilden die neu wachsenden Triebe einen Astquirl, der zur dauerhaften Nistgelegenheit werden kann.

Beim Schneiden der Hecken fällt Schnittholz an. Dieses »Gestrüpp« ist sehr wertvoll. Wir werfen es auf keinen Fall weg, sondern schichten es in einer Gartenecke zu einem Reisighaufen auf. Dieser Haufen bietet vielen Vögeln, zum Beispiel Heckenbraunelle, Zaunkönig, Baumläufer und Grasmücke, Unterschlupf und Brutplatz. Außerdem finden die Vögel hier reichlich Nahrung, da sich durch das langsame Verrotten des Holzes viele Insekten, Würmer und Schnecken einfinden. Doch verwechseln Sie bitte diesen Unterschlupf nicht mit einem Komposthaufen. Keinesfalls darf man hier abgemähtes Gras oder gar Küchenabfälle aufstapeln. In einem Komposthaufen kann man zwar auch Schnittholz einarbeiten, aber er dient der Humusgewinnung und muß ganz anders behandelt werden als unser Reisighaufen, der, locker aufgeschichtet, den Vögeln und Insekten einen Lebensraum bietet. Wir legen Dornen- und Fichtenzweige oben auf den Haufen, damit Katzen und Marder abgewehrt werden.

Wenn wir die Hecken gerade erst gepflanzt haben, dauert es zwei bis fünf Jahre, bis sie herangewachsen und so dicht geworden sind, daß sie den Vögeln Unterschlupf bieten. In der Zwischenzeit können wir mit Nisttaschen einen Ausgleich schaffen. Nisttaschen werden aus Ginster und/oder Kiefernzweigen gebunden. Diese etwa 100 cm langen Zwei-

Nisttasche aus Kiefernzweigen; der Maschendraht schützt vor Katzen.

ge befestigen wir so an Bäumen, Sträuchern und Astquirlen, daß eine etwa faustgroße Höhlung mit zwei Eingängen entsteht. Die Nisttaschen werden auf der wetterabgewandten Seite angebracht. Fichten und Tannenzweige eignen sich nicht. Sie verlieren zu schnell die Nadeln. Das dann nur noch dürre Gestrüpp bietet dem Nest und dem brütenden Vogel nicht genügend Schutz.
Das Anbringen von Nisttaschen kann und soll nur ein vorübergehender Behelf sein. Viel wichtiger ist es, möglichst viele Bäume und Büsche stehenzulassen oder wieder anzupflanzen. Nur durch eine vielfältige Auswahl findet jede Vogelart den ihr gemäßen Platz.
Alte Nester entfernen wir im Spätherbst oder besser gleich, nachdem wir das Ausfliegen der Jungen beobachten konnten. Denn ein zweites Mal werden sie nicht benutzt und blockieren nur günstige Nistplätze. Ausnahme sind die Kugelnester aus Moos, Flechten und Federn, die Zaunkönige und Schwanzmeisen bauen. Sie werden im Winter zum Schutz vor Kälte und zum Schlafen aufgesucht und daher nicht entfernt.

Nester von Freibrütern sind gefährdet

Manche Vogelbrut kommt durch unsere Unachtsamkeit ums Leben. Im Frühling und Sommer unternehmen wir gern Spaziergänge. Besondere Vorsicht ist an Waldrändern, Lichtungen, Bachufern und ähnlichem nicht bewirtschafteten Gelände geboten. Bleiben Sie daher auf dem Weg. Ein gutgetarntes Bodennest von Goldammer, Feldlerche oder Rotkehlchen ist schnell zertreten. Auch den Hund sollten wir in solchen Gebieten vorsichtshalber an die Leine nehmen.

Welche Arten brauchen die Hilfe von Fachleuten?

Einige Vogelarten brauchen ganz spezielle Hilfe, die wir ihnen als Einzelperson nicht geben können. Die Hilfe für diese sehr bedrohten Arten erfordert Fachkenntnisse und Erfahrung und ist meist mit recht arbeitsintensiven Maßnahmen verbunden. Wer dennoch etwas für diese Tiere tun möchte, wende sich an den Natur- oder Vogelschutzverband (siehe auch Adressen ab S. 69).

Es handelt sich bei diesen Hilfsmaßnahmen zum Beispiel um die Herstellung von Steilwänden für Uferschwalben und den Eisvogel, um die Errichtung von Kiesbänken für Regenpfeifer, Uferläufer, Fluß- und Trauerseeschwalben, um Schwimmflöße für den Schwarzhalstaucher und um den Bau besonderer Nistanlagen für Weißstorch, Schellente und Gänsesäger.

Bäder und Tränken für Vögel

Ein Vogelliebhaber sollte in seinem Garten auch das nötige Naß für seine Lieblinge bereithalten. Besonders an warmen Tagen baden die Vögel gern. Bei der Gestaltung kann jeder seine Phantasie frei entfalten. Doch bitte sorgen Sie dafür, daß sich Katzen nicht ungesehen anschleichen können. Vögel mit nassem Gefieder sind nämlich eine leichte Beute.

Das Wasserbecken wird erhöht aufgestellt, oder man schafft ringsum eine 300 cm freie Fläche (Gras mähen!). Gefährlich sind Regentonnen oder andere tiefe Gefäße. Die werden sicher abgedeckt.

Günstig ist es, wenn das Wasser verschieden tief ist. So können unterschiedlich große Vögel baden. Im tieferen Teil muß man unbedingt Steine hineinlegen, damit sich kleinere Vögel darauf retten können. Außerdem dienen sie als Anflug-, Ausruhe- und Abtrockenplätze.

Teich

Wer einen Teich in seinem Garten besitzt, gestaltet wenigstens eines der Ufer sehr flach. Singvögel stellen sich gern in wenige Zentimeter tiefes Wasser und bespritzen sich mit heftigen Flügelschlägen. Freier An- und Abflug muß gesichert und an der Badestelle darf der Bewuchs nicht zu hoch sein. Wir legen einige Kiesel so ins Wasser, daß sie herausragen. Auch auf schwimmende Holzstücke setzen sich die Vögel gern. Wir können außerdem eine flache Kuhle extra als Badeteich ausheben. Eine ausgebuchtete Uferlinie sieht schöner und natürlicher aus als ein runder oder ovaler Umriß. Wir legen eine 0,1 cm dicke Teichfolie über den Untergrund, füllen mit Kies und Steinen auf, gestalten die Uferränder mit flacher Bepflanzung und geben Wasser in diesen kleinen künstlichen Teich. Ab und zu wird verdunstetes Wasser nachgefüllt.

Naturgarten für Vögel

Schalen

Als Vogeltränken eignen sich alle flachen Schalen. Günstig ist es, die Gefäße etwas schräg in den Boden einzulassen, so daß der Wasserstand verschieden tief ist. Wir legen wieder Steine ins Wasser. In 300 cm Abstand sollte sich nur niedriger Rasen befinden.

Autoreifen

Ein alter Autoreifen wird halbiert und etwas schräg (damit das Wasser verschieden tief steht) in den Boden eingelassen. Die Steine nicht vergessen.

Ständertränke

Befindet sich das Wasserbecken auf einem mindestens 150 cm hohen Ständer, sind die badenden Vögel vor Katzen sicher. Es gibt im Handel Stahlrohrständer zu kaufen, oder man läßt sie sich anfertigen.

Ausgehöhlter Baumstamm

Je nach Phantasie und Geschmack können Sie noch viele andere Modelle erfinden, zum Beispiel einen Baumstamm halb aushöhlen und mit Wasser und Steinen füllen.

Seite 55:
Oben links: Fütterndes Rotkehlchen. Diese Vögel kann man im Winter ab und zu am Futterhäuschen sehen.
Oben rechts: Hausrotschwanz mit Jungen. Dieser Vogel brütet gern in Halbhöhlen-Nistkästen (siehe Seite 39).

Unten: Im fremden Nest sitzender Kuckuck und Bachstelze. Der Kuckuck baut kein eigenes Nest. Er läßt seine Eier von anderen Vögeln ausbrüten.

Seite 56:
Die Gartengrasmücke brütet am Boden zwischen hohem Gras, an Feldrainen, in Wiesen und sogar an Bahndämmen. Wir müssen dafür sorgen, daß diese Brutgelegenheiten erhalten bleiben. Die Gartengrasmücke verbringt den Winter nicht bei uns, wir können sie daher nicht am Vogelhäuschen beobachten.

Der Naturgarten

Es ist nicht sinnvoll, in einem sterilen Garten mit Einheitsgrün und Thujahekke Vogelhäuschen und Nistkästen aufzustellen. Unseren Vögeln ist nur geholfen, wenn wir mit einem natürlichen Garten ihren Ansprüchen gerecht werden.

Gepflegter Rasen ist wenig günstig. Durch ständiges Bewässern, Düngen, Mähen und »Giftspritzen« sterben viele Lebewesen. Schmetterlinge, Grillen, Hummeln, Fliegen, Kleinzikaden, Käfer und Heuschrecken (sie alle sind Nahrung für unsere Singvögel) brauchen eine bunte Blumenwiese. Sie ist nicht schwer anzulegen. Samenmischungen gibt es im Gartenfachhandel.

Zu häufiges Mähen stört die Entwicklung der Pflanzen und Tiere. Es ist für sie jedesmal wie ein Weltuntergang. Wir mähen deshalb nicht die ganze Wiese, sondern einzelne Stücke zu verschiedenen Zeitpunkten, so daß es für die Tiere immer Ausweichmöglichkeiten in ungemähte Bereiche gibt. Starkwüchsige Wiesen müssen wir zweimal mähen, andere höchstens einmal im Herbst. Dazu brauchen wir eine Sense.

Einige Pflanzen wie Disteln, Hirtentäschelkraut, Vogelmiere, Kreuzkraut und Nachtkerze lassen wir stehen. Ihre Samen sind eine wichtige Nahrungsquelle für die Vögel im Winter. Brennesseln sollten in jedem Garten wachsen. Sie verbessern die Bodenqualität, und es sieht schön aus, wenn so eine kräftig grüne Staude in einer Ecke wächst und blüht. Vor allem aber ist sie eine wichtige Nahrungspflanze für zahlreiche Schmetterlinge und manche Vögel. Vielleicht baut sogar eine Gartengrasmükke ihr Nest in das Pflanzendickicht.

Mit Steinhaufen, Trockenmauern, Laub- und Reisighaufen, Kletterpflanzen, einem Teich, Hecken und Büschen, einem Moderplatz und morschen Baumstämmen schaffen wir Lebensräume für zahlreiche Tierarten.

Nisthilfen für Insekten

Insekten sind wichtig für die Ernährung der Vögel. Um möglichst viele Insektenarten in unserem Garten zu beherbergen, helfen wir einigen besonders.

Das Brutholz

Hautflügler, dazu zählen Grab-, Falten-, Weg- und Goldwespen, sowie Wildbienen und Hummeln legen ihre Nester in der Erde, in sandigen Böden, an Pflanzenstengeln, altem Holz, Mauern oder Steinnischen an. Viele dieser Plätze sind selten geworden.
Holzblöcke, Scheite oder halbierte Baumstämme beliebiger Größe werden zu idealen Schlupfwinkeln für Insekten, wenn man Löcher mit 2–8 mm Durchmesser hineinbohrt. Die Tiefe der Gänge beträgt 5–10 cm und wird variiert: je dicker desto länger. Hartholz wie Eiche, Buche oder Esche ist am besten geeignet. Das Holz darf natürlich nicht mit Holzschutzmitteln behandelt worden sein.
Die Nisthilfen befestigen wir an windgeschützten, sonnigen Stellen, etwa an Bäumen, Gartenzäunen, Balkonen, am Fenster oder an Hauswänden. Dabei sollen sich die Gänge in waagerechter Lage befinden.
Auch im Winter bleiben die Kunstnester im Freien. Je länger sie im Gebrauch sind, desto mehr Tiere siedeln sich an. Über 53 verschiedene Insektenarten benutzen diese Hölzer als Brutkammern für ihren Nachwuchs.

Das Stengelbündel

Viele Hautflügler sind auf hohle Stengel als Nistplätze angewiesen. Wir helfen ihnen mit Gras-, Schilf- und Strohhalmen,

Links: Brutholz für Hautflügler; rechts: Insektenhilfe aus zusammengebundenen Pflanzenstengeln

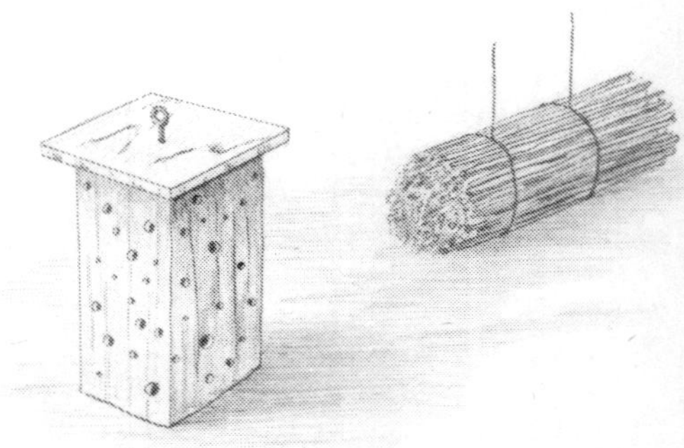

ausgehöhlten Holunderzweigen oder dünnen Bambusröhren (in Gartengeschäften erhältlich). Man bündelt diese mit einer Schnur und verschließt sie auf einer Seite mit Gips oder Lehm (beim Bambus unnötig). Die Halme oder Zweige lassen sich auch als Bündel dicht gepackt in leeren Konservendosen oder PVC-Röhren regensicher unterbringen. Das Ganze hängt man dann waagerecht auf. Glas- und Plastikröhrchen sind nicht zu empfehlen, da sich in ihnen leicht Kondenswasser bildet, wodurch die Brutzellen verpilzen können.
Bei geduldigem Beobachten können wir viel Interessantes sehen. Da legt vielleicht eine der einzeln lebenden Mauerbienen ihre Eier ab. Wir warten gespannt auf das Schlüpfen der jungen Bienen, doch plötzlich krabbeln buntschillernde Schlupfwespen aus dem Versteck. Da hatte ein Schlupfwespenweibchen heimlich seine Eier an den Bienenlarven

abgelegt. Oder wir beobachten, wie Blattschneidebienen die Bohrlöcher mit kleinen Blattstückchen auspolstern. Manche Wespen tragen andere Insekten, die sie mit einem Stich gelähmt haben, als Nahrung für ihre Larven ins Nest. Besonders schön sind die Goldwespen mit ihren grünen, purpurroten, blauen und rotgoldenen Farben.

Das Hummelnest im Blumentopf

Erdhummeln nehmen gerne Nisthilfen an. Im Frühjahr sieht man sie oft nahe am Boden herumfliegen auf der Suche nach Nistgelegenheiten. Verlassene Mäuselöcher sind ein beliebtes Quartier. Hat eine Hummel einen geeigneten Platz gefunden, so legt sie Eier. Die ersten Larven füttert sie selbst, bis später genug Arbeiterinnen herangewachsen sind, die diese Aufgabe übernehmen. Im Laufe des Sommers entsteht ein Hummelstaat, der im Herbst zusammenbricht. Nur die jungen, befruchteten Königinnen überleben, verkriechen sich zum Überwintern und gehen im folgenden Frühjahr wieder auf Nestsuche.
Wir können ihnen dabei helfen, indem wir einen etwa zur Hälfte mit Moos oder Holzwolle gefüllten Blumentopf umgekehrt in die Erde versenken. Wer sich im Zoofachgeschäft oder bei Bekannten, die weiße Mäuse halten, ein bißchen von der nach Mäusen duftenden Einstreu besorgt und mit in den Blumentopf füllt, zieht Hummeln geradezu magnetisch an. Vor Regen schützt eine Steinplatte oder ein Holzbrett.

Unterschlupf für Ohrwürmer

Ohrwürmer sind hilfreich im Garten, um Blattläuse – ihre Lieblingsnahrung – gering zu halten. Wir unterstützen die Ohrwürmer, indem wir ihnen eine Behausung anbieten – nämlich Blumentöpfe. Tagsüber verstecken sich die Insekten darin, nachts starten sie dann zu ihrer Blattlausmahlzeit.
Wir füllen Blumentöpfe mit Holzwolle und hängen sie in Bäumen auf (achten Sie auf Stammberührung, denn Ohrwürmer fliegen schlecht) oder stülpen sie auf Pfähle, Gartenzäune und Stangen. Man kann auch etwa 5 cm große Stücke von alten Gartenschläuchen mit Holzwolle füllen und direkt neben die Pflanzen mit Blattlausbefall hängen.

Winterquartier für Florfliegen

Neben den Ohrwürmern machen auch Florfliegen Jagd auf Blattläuse. Außerdem tun sie sich an Spinnmilben gütlich. Ab September suchen die Florfliegen ein frostgeschütztes Winterquartier in Häusern, Speichern und Scheunen. Vielleicht haben Sie schon einmal diese schönen Tiere gesehen? Sie haben lange, zartgrüne Flügel und goldene, große Augen.
Den Winter über nehmen die Florfliegen keine Nahrung auf und verharren in

einem Erstarrungszustand. Erst wenn die Temperatur über 15 °C ansteigt, erwachen sie wieder. Haben sie aber in beheizten Räumen Zuflucht gefunden, können sie nicht einschlafen oder wachen zu zeitig auf. Sie verhungern dann, weil sie noch keine Nahrung (Blattläuse) finden können. So gibt es im Frühjahr zu wenig Florfliegen, und die Blattläuse vermehren sich stark und richten evtl. größeren Schaden an.
Wir basteln kleine Holzkästen, füllen sie mit Stroh und hängen sie im September in den Garten. Sobald Fröste angesagt sind, bringen wir die Kästen in einen zwar frostgeschützten, aber kühlen Raum bei 5–8 °C. Keller, Scheune und Schuppen kommen in Frage.

Wie werden Vögel beobachtet?

Eigentlich ist das Beobachten von Vögeln sehr leicht, denn sie sind fast überall in unserer Umwelt sichtbar und durch ihre Gefiederfärbung, ihre Bewegungen und ihr Verhalten sehr auffällig. Und doch braucht man einen bestimmten Blick dafür. Wenn ich zusammen mit anderen Menschen spazierengehe, bin ich immer wieder erstaunt, wie wenig diese sehen. Entweder sind sie in Gedanken versunken oder in ein Gespräch vertieft. So nimmt man natürlich von seiner Umwelt wenig wahr. Vögel kann man nur dann wirklich beobachten, wenn man Interesse und Liebe zu diesen Tieren hat und man sich ihnen mit Geduld und Konzentration nähert.
Ein bestimmtes Alter ist nicht Voraussetzung. Schon ein Kleinkind lernt bald, die Vögel am Futterhaus zu unterscheiden. Doch sollte man die Aufmerksamkeit der Kinder nicht überstrapazieren, sonst verlieren sie leicht Freude und Lust am Beobachten.

Bestimmung der Vögel

Vogelbestimmung bedeutet: Wir versuchen, den Namen eines Vogels herauszufinden. Dazu brauchen wir Bestimmungsbuch, Fernglas und Notizheft sowie Übung, Übung und nochmals Übung! Manche Bestimmungsbücher zeigen die Vogelarten in farbigen Zeichnungen. Fotos sind etwas weniger geeignet. Viele wichtige Bestimmungsmerkmale lassen sich mit Zeichnungen deutlicher darstellen. Die Bücher bilden die Vögel im richtigen Größenverhältnis zueinander und in ähnlicher Haltung ab, so daß sie leicht miteinander verglichen

werden können. Selbst ein versierter Vogelkenner – ein Ornithologe – führt seine »Vogelbibel« immer mit sich.
Beim Kauf eines Fernglases muß man beachten, daß es leicht und handlich ist. Mit einem schwergewichtigen Glas zittert man zu sehr, und der Vogel ist längst weggeflogen, bevor man ihn ins »Visier« bekommt. Auf jedem Fernglas sind zwei Zahlen angegeben. Die erste Zahl entspricht der Vergrößerung. Zum Beispiel bedeutet eine 8, daß Sie einen Vogel, der 80 m weit entfernt ist, so groß sehen, als wäre er nur 10 m weit weg. Ferngläser, die also eine 8, 9 oder 10 als erste Zahl haben, sind völlig ausreichend für die meisten Beobachtungen. Bei höherer Vergrößerung nimmt auch der Umfang des Blickfeldes ab. Man sieht dann nur einen sehr kleinen Ausschnitt, und es ist schwer, den Vogel überhaupt ins Blickfeld zu bekommen. Die zweite Zahl bezeichnet den Durchmesser der Linse in Millimetern. Dieser Durchmesser ist entscheidend für die Helligkeit des Blickfeldes. Zu empfehlen sind Gläser mit einer Zahlenkombination von 8 × 30 bis 10 × 40.
Ein gutes Fernglas muß nicht teuer sein, aber achten Sie darauf, daß das Blickfeld auch am Rand scharf ist, sonst strengt das Hindurchschauen auf die Dauer sehr an.
Ein Notizheft sollte immer griffbereit dabeisein. Wir notieren Beobachtungen sofort und fertigen kleine Skizzen dazu an. Das ist sehr wichtig. Die meisten Beobachtungen laufen in Sekundenschnelle ab und werden nur im Kurzzeitgedächtnis gespeichert. Wenn wir erst zu Hause notieren, haben wir das meiste schon wieder vergessen. Es ist jedoch sinnvoll, die Unterwegs-Notizen dann später in ein anderes Heft zu übertragen und mit Bemerkungen und Hinweisen aus früheren Aufzeichnungen und Büchern zu ergänzen.
Das Beobachtungsvermögen schärft man am besten, indem man spazierengeht und versucht, mit offenen Augen alles zu sehen, was sich bewegt, hüpft und fliegt, und auch die Stimmen wahrzunehmen, die überall zu hören sind. Ein einzelnes Kennzeichen reicht gewöhnlich nicht aus, um einen Vogel zu bestimmen. Wir müssen auf Größe, Gestalt, Umriß, Farbe, Stimme, Flugbild und Verhalten achten.
Besonders mit der Größe eines Vogels verschätzt man sich oft. Am Futterhaus, wenn mehrere Vogelarten anwesend sind, können Sie Ihren Blick für die Größenverhältnisse besonders gut schulen. Manche Vögel sind spatzengroß, das gilt für die Kohlmeise, den Buch- und Bergfink sowie die Goldammer. Andere sind etwas kleiner, zum Beispiel Blau- und Sumpfmeise. Die Amsel ist auf der anderen Seite viel größer. Ist man in der Lage, sich der Größenverhältnisse der bekannten Arten zu erinnern, kann man auch einen bisher unbekannten Vogel in seiner Größe in etwa richtig einordnen und dadurch leichter bestimmen.
Je mehr Sie sich mit der Vogelbestimmung beschäftigen, um so begeisterter werden Sie davon sein. Es ist eine Beschäftigung, die im positiven Sinn

»süchtig« macht. Bei jedem Spaziergang werden Sie etwas Neues entdecken. Besonders faszinierend ist es, die Vogelstimmen unterscheiden zu lernen. Aus dem vorher undefinierbaren Gezwitscher hören Sie plötzlich heraus, welche Vögel anwesend sind. Es ist so, als würden Sie auf einmal die Sprache der Tiere verstehen. Später, wenn Sie die Vögel ihrer nächsten Umgebung kennen, werden Sie auf Ausflügen und Reisen nach immer neuen Arten Ausschau halten. Es ist eine Leidenschaft, die uns hinaus in die Natur lockt, unser Verständnis für sie weckt und uns anhält, die noch verbliebenen Naturräume zu schützen.

Das Verhalten der Vögel

Haben wir gelernt, die einzelnen Arten zu unterscheiden, wird sicher bei vielen der Wunsch entstehen, noch mehr über die Vögel zu erfahren. Man kann auf verschiedene Weise vorgehen:

- Ohne bestimmte Zielsetzung widmet man sich allen Vogelarten, die man zufällig unterwegs trifft.
- Schon bald ergibt sich von selbst, daß man eine bestimmte Auswahl trifft. Man wird sich auf einige Vogelgruppen beschränken, wie zum Beispiel auf Greif-, Enten- oder Finkenvögel bzw. auf Arten, die in einem gemeinsamen Lebensraum vorkommen, beispielsweise an der Küste, im Wald, auf der Wiese oder im Gebirge.
- Wer sich noch intensiver mit den Tieren beschäftigt, wird sich schließlich dem Beobachten einer einzelnen Verhaltensweise widmen, zum Beispiel der Fortpflanzung.
- Auch auf eine einzelne Vogelart kann man sich spezialisieren und möglichst umfassend das Verhalten erforschen. Es muß keine besonders seltene Art sein. Jedes Tier ist interessant genug. Selbst beim bekannten Spatz gibt es noch viel zu entdecken.

Die folgenden Ausführungen über das Verhalten der Vögel können und wollen keine Vollständigkeit anstreben. Ich möchte Ihnen nur einige Anregungen zu eigenen Beobachtungen geben.

Vogelverhalten

Sie müssen keine großen Wanderungen unternehmen. Vögel gibt es fast überall. Außer den Gärten und Parkanlagen stellen auch Friedhöfe ein Refugium für viele Arten dar.
Das meiste sehen Sie, wenn Sie sich still irgendwo hinsetzen. Achten Sie nicht nur auf die sehr auffälligen Verhaltensweisen wie Nestbau, Werbung und Jungenfüttern, auch scheinbar unwichtige Verhaltenweisen wie Putzen und Nahrungssuche bieten eine Fülle von interessanten Beobachtungen. Nur eines ist unerläßlich: Geduld! Ohne geduldiges Zuschauen sowie Sich-Zeit-Nehmen zum Beobachten sehen und verstehen Sie nichts. So kann uns gerade die Vogelbeobachtung lehren, in unserer hektischen, schnellebigen Gegenwart wieder Zeit zu haben. Das Beobachten der Vögel kann uns die Augen dafür öffnen, was wichtig im Leben ist.

Beobachtungen am Futterhäuschen

Die Vögel treffen am Futterhaus so dicht aufeinander, wie es sonst selten geschieht. Wir beobachten oft Zänkereien, Drohen, Wegjagen und Flucht. Kein Futterhausbesucher duldet gern andere neben sich. Befindet sich eine Amsel im Häuschen, wagen sich meist kleinere Arten nicht heran. Sie warten lieber im Gebüsch, bis die Amsel sich satt gefressen hat.
Die Abwehr- und Drohgebärden der Kohlmeise sind für uns besonders deutlich zu erkennen: Hat eine Kohlmeise ein glatt angelegtes Gefieder, so daß sie sehr schlank aussieht, ist sie eher ängstlich gestimmt. Wir sehen dem Vogel direkt an, daß er jeden Moment wegfliegen wird. Je mehr die Aggressionsbereitschaft anwächst, um so weiter spreizt die Kohlmeise die Flügel, das Gefieder liegt nun locker auf. Eine Meise, die sich stark genug fühlt, ihren Platz zu behaupten, hebt drohend einen Flügel in Richtung des Konkurrenten.
Obwohl die Ausdrucksbewegungen den Vögeln angeboren sind, gibt es individuelle Abweichungen, die wir bei genauem Hinschauen feststellen und an denen wir einzelne Individuen erkennen können. Stimmungen und Reaktionen übertragen sich leicht von einem Vogel auf den anderen. So kommt es, daß, wenn ein Vogel wegfliegt, oft alle seinem Beispiel folgen.

Beobachtungen am Nistkasten

Ein großer Teil des Vogellebens spielt sich in nächster Nähe des Nistkastens ab. Man bekommt eine Menge zu sehen, wenn man am Morgen zeitig aufsteht und sich in einem kleinen Versteck etwas tarnt. Vielleicht können Sie das Werbeverhalten beobachten: Das Männchen plustert sich auf. Das Weibchen macht sich klein, duckt sich und bettelt mitunter wie ein Jungvogel nach Futter. Oder wir sehen, wie das Männchen sein Revier gegen Gleichgeschlechtliche ver-

teidigt. Dabei kann man das Drohverhalten der verschiedenen Vogelarten unterscheiden lernen. Auch wie groß das Revier »unseres« Paares ist, erfahren wir, denn meist wird ein Eindringling nur bis zur Reviergrenze verfolgt.
Wir sehen auch, wie eifrig die Vogeleltern Futter herbeibringen. Vielleicht macht es Ihnen Spaß, zu zählen, wie oft während einer Stunde die Eltern mit Futter kommen, wie lang die Pausen sind und zu welcher Tageszeit weniger, zu welcher mehr gefüttert wird. Haben wir ein Fernglas, können wir versuchen festzustellen, welche Nahrung die Vogeleltern vor allem füttern. Wie verändern sich die Futtermenge und eventuell auch die Futtertiere mit dem Heranwachsen der Jungvögel? Diese und andere Fragen können wir uns stellen und versuchen, durch intensives Beobachten zu beantworten.
Schön ist es, ein kleines Tagebuch zu führen, in das wir alles notieren, auch scheinbar zunächst nebensächliche Dinge.
Hat man mehrere Kästen, die von Vögeln bezogen sind, ergeben sich noch vielfältigere Fragestellungen. Machen wir genaue Aufzeichnungen über mehrere Jahre, bekommen wir einen Überblick über Schwankungen in der Zahl der Brutvögel, der gelegten und ausgebrüteten Eier sowie der geschlüpften und schließlich ausgeflogenen Jungvögel. Das sind dann schon tiefgreifende Untersuchungen, die einen Einblick in das Leben in der freien Natur geben.

Einzelne Verhaltensweisen

Gefiederpflege

Vögel verbringen sehr viel Zeit damit, ihr Gefieder zu putzen. Wenn die Federn nämlich verschmutzt sind und zusammenkleben, können sie nicht fliegen. Beobachten Sie einmal genau (Fernglas benutzen), wie sich ein Vogel, zum Beispiel ein Sperling, putzt. Er nimmt eine Feder in den Schnabel und zieht sie hindurch. So streift er Schmutz ab und ordnet die einzelnen Federfahnen. Nehmen Sie eine Feder mit nach Hause. Sie finden viele von Enten an jedem Parkteich. Schauen Sie sich genau an, wie eine Feder aufgebaut ist.
Um das Gefieder geschmeidig zu halten und es vor allem vor Feuchtigkeit zu schützen, fetten es die Vögel ein. In der sogenannten Bürzeldrüse, sie liegt am Rücken in der Nähe des Schwanzansatzes, befindet sich ein fetthaltiges Sekret. Der Vogel faßt und drückt diese Drüse zuerst mit dem Schnabel. An diesem bleibt dabei etwas Sekret haften. Nun streicht es der Vogel über die Federn.
Sucht er jedoch nach Ungeziefer, sieht es anders aus. Er fährt mit dem Schnabel tief zwischen die aufgerichteten Federn.
Die Putzbewegungen laufen sehr rasch ab. Oft werden sie unterbrochen. Der Vogel mustert schnell die Umgebung, ob er noch sicher vor Feinden ist. Immer wieder wird das Gefieder geschüttelt und aufgeplustert.
Nicht nur der Schnabel, auch die Füße

werden für die Gefiederpflege eingesetzt. Dabei stehen die Tiere auf einem Bein und kratzen sich mit dem anderen am Kopf. Niemals werden andere Körperteile mit dem Fuß gekratzt. Die Kratzbewegung wird stets in einer ganz bestimmten Weise ausgeführt. Sing- und Watvögel führen den Fuß über den Flügel hinweg zum Kopf, Tauben, Hühner, Möwen und Störche dagegen unter dem Flügel zum Kopf.

Die Vogeltränke ist ein sehr geeigneter Ort, um die Tiere beim Putzen zu beobachten. Denn gerade nach dem Bad ist Gefiederpflege angesagt.

Auch das Badezeremoniell sieht bei einzelnen Arten verschieden aus. Singvögel baden mit sehr raschen, hastigen Bewegungen. Heftig schütteln sie das Gefieder und spritzen wild mit dem Wasser um sich. Tauben dagegen baden lange und mit langsamen Bewegungen. Sie tunken sich regelrecht ins Wasser, legen sich auf die Seite und recken einen Flügel in die Luft.

Sonnenbäder nehmen alle Vögel gern. Sie legen sich platt auf den Boden und sträuben die Federn so, daß die warmen Strahlen bis auf die Haut gelangen können. Wer einen Vogel so daliegen sieht, ist meist erschrocken. Er meint, das arme Tier sei sterbenskrank, denn der Schnabel ist halb geöffnet und das der Sonne zugewandte Auge geschlossen. Gehen Sie nicht näher heran. Halten Sie Abstand! Gönnen Sie dem Tier seinen wohlig entspannten Zustand. Auch Ihnen würde es nicht gefallen, wenn man Sie beim Sonnenbaden stört.

Von Hühnern wissen wir, daß sie gern Staubbäder nehmen. Das tun auch Sperlinge, Finken, Lerchen und einige weitere Arten. Die mit dem Schnabel aufgelockerte Erde (Hühner scharren sie mit den Füßen auf) wird über das Gefieder verteilt. Außer daß die Vögel die Wärme des Sandes genießen, vergeht den so kräftig eingestaubten Parasiten die Lust und die Luft, ihre Wirte zu peinigen.

Vielleicht haben Sie Glück, das seltene »Einemsen« zu beobachten. Der Vogel sucht sich eine Ameise, nimmt sie in den Schnabel und reibt sie über die Federn. Es geht sehr schnell, und man muß genau hinschauen. Wahrscheinlich dient die Ameisensäure, die die so unsanft gepackte Ameise verspritzt, ebenfalls dazu, Insekten aus dem Gefieder zu vertreiben. Besonders Stare zeigen hin und wieder dieses seltsame Verhalten.

Nahrungssuche

Bei Vögeln, die ihr Futter auf dem Boden suchen, kann man am einfachsten die Nahrungssuche studieren. Krähen hakken mit dem Schnabel in den Boden. Stare stechen ihren Schnabel wie ein Stilett hinein. Fasane, Rebhühner und Wachteln benutzen zwar ebenfalls den Schnabel, aber sie scharren auch heftig mit den Füßen. Der Kranich wiederum steckt den leicht geöffneten Schnabel in die Erde und rüttelt dann.

Lachmöwen zeigen ein besonders auffallendes Verhalten. Diese Binnenlandmöwen leben häufig sogar in Groß-

städten. In Parkanlagen und an Teichufern können wir sehen, wie sie mit beiden Füßen auf den Rasen trampeln. Durch das dabei erzeugte Vibrieren werden Regenwürmer veranlaßt, aus der Erde zu kriechen. Die Möwe packt blitzschnell zu und verschlingt den Wurm.
Die Singdrossel besitzt die Fähigkeit, Schneckenhäuser zu öffnen. Vielleicht haben Sie bei einem Spaziergang schon einmal einen Haufen zerschlagener Schneckenschalen gefunden und sich gewundert, wer das wohl getan hat. Solche Stellen werden Drosselschmieden genannt. Die Singdrossel nimmt das Schneckenhaus in den Schnabel und schlägt es heftig gegen eine harte Unterlage, meist auf einen flachen Stein. Die Schale zerspringt nach mehrmaligem rhythmischem Zuschlagen. Die Schnekke ist dann schutzlos und wird von der Drossel verschlungen.
Noch viele andere faszinierende Beobachtungen warten auf Sie. Nur stichwortartig sei erwähnt: Das Aufspießen der Beute beim Neuntöter, Sammeln von Vorräten bei Eichelhäher, Meisen und Spechten, viele Arten stehlen sich gegenseitig das Futter, Austernfischer und Kiebitze spülen mit Sand beklebte Würmer in der nächsten Pfütze ab, und Spechte klemmen Tannenzapfen in einer Baumspalte fest, um sie besser bearbeiten zu können.

Trinkverhalten

Diese Verhaltensweise können Sie bequem an Ihrer Vogeltränke beobachten. Viele Vögel senken den Schnabel, schöpfen Wasser und heben den Kopf, um es herunterzuschlucken. Tauben aber trinken ganz anders. Sie tauchen den Schnabel tief und lange ins Wasser und saugen es auf, ohne zwischendurch den Kopf zu heben.
Dieses Saugtrinken kommt nur noch bei wenigen anderen Arten vor, die in Wüstengebieten und Steppen leben, zu nennen sind afrikanische Mausvögel und australische Prachtfinken. Bei diesen ausländischen Arten ist das Saugtrinken eine Anpassung an die extremen Lebensumstände. Denn an den wenigen Wasserstellen sammeln sich nicht nur die durstigen Vögel, sondern auch deren Feinde. Deshalb ist es lebensgefährlich, zu lange zu trinken. Doch in dem trokkenheißen Klima brauchen die Vögel andererseits auch viel Wasser. Da die Tiere beim Saugtrinken nicht immer wieder den Kopf heben müssen, können sie in kürzester Zeit viel mehr aufnehmen. Das Saugtrinken der Tauben kann vielleicht ein Hinweis sein, daß sie früher in trockenen Gebieten gelebt haben.

Schlafgewohnheiten

Im eigenen Garten, der einheimische Bäume und Büsche beherbergt, können wir interessante Studien betreiben. Die meisten Vögel haben einen oder einige feste Schlafplätze. Notieren Sie sich an mehreren Abenden, an welchen Stellen Ihre gefiederten Gäste übernachten.
Das Rotkehlchen schläft allein, während die Amsel, außer in der Brutzeit, gern

mit mehreren Artgenossen zusammen übernachtet. Viele Vögel schließen sich nachts zu einem Schwarm zusammen. In der Gruppe ist der einzelne sicherer vor nächtlichen Angriffen. Oft legen die Schwärme weite Strecken zwischen Übernachtungsort und Tagesaufenthalt zurück. Die großen Krähenschwärme im Herbst und Winter fallen uns besonders auf. Zu bestimmten Zeiten während der Dämmerung überfliegen sie ein spezielles Gebiet, um dann in ihren Schlafbäumen einzufallen. Auch Möwen und Gänse wechseln zwischen Schlaf- und Futterplätzen. Bitte beachten: Abstand halten! Fernglas benutzen! Auf keinen Fall unterschreiten wir die Distanz, bei der die Vögel eine Angst- und Abwehrhaltung einnehmen. Die erkennen wir am Anlegen des Gefieders, Schlankwerden des Körpers, Strecken von Kopf und Hals sowie an unruhigen Kopfbewegungen.

Revierverhalten

Das Flöten einer Amsel, das in unseren Ohren lieblich und romantisch klingt, ist in Wirklichkeit harter Konkurrenzkampf. Das Vogelmännchen signalisiert damit allen anderen »Männern«: »Kommt mir nicht zu nah! Dieses Revier ist besetzt!« Falls sich dennoch ein Rivale in dieses Gebiet wagt, dann wird hart gekämpft, so daß die Federn fliegen.
Das Revier ist wichtig, um ein Weibchen zu bekommen. Denn kein Weibchen läßt sich mit einem Männchen ohne Revier ein, außer der Kuckuck-»Frau«. Die Kuckuckfamilie braucht nämlich kein eigenes Heim, weil ihre Jungen in fremden Nestern aufwachsen (siehe Foto Seite 55). Alle anderen Vogelpaare aber müssen ein Gebiet besitzen, in dem es genügend Nahrung für die Jungenaufzucht gibt.
Interessant ist es, einmal die Reviergröße »unseres« Meisenpärchens im Garten zu bestimmen. Den Fensterplatz müssen wir dazu gar nicht verlassen. Wir zeichnen eine Umrißskizze unseres Gartens. Bäume, Büsche, Hecken, Wege und andere wichtige Punkte werden markiert. Dann notieren wir, bis wohin der Eigentümer dem Eindringling folgt. Diese Punkte verbinden wir mit einer Linie, und schon ist klar, wie das Revier »unserer« Meise aussieht.
Reizvoll ist es auch, die Kampf-, Droh- und Imponierhaltungen einzelner Vogelarten festzustellen.

Paarungsverhalten

Uns Menschen erscheint das Verhalten der Vögel zur Fortpflanzungszeit auffälliger als das jeder anderen Tiergruppe, denn Vögel benutzen zur Balz optische und akustische Signale. Da wir unsere Umwelt vor allem mit Augen und Ohren erfahren, sind wir gerade für diese Signale sehr empfänglich. Dagegen bleibt uns der Hauptteil des Werbeverhaltens der Säugetiere verborgen, weil diese Geruchssignale verwenden.
Für das Gelingen der Brut müssen die Partner gut aufeinander abgestimmt

sein. Es genügt nicht, daß beide paarungsbereit sind. Voraussetzungen sind:

- Ein Brutplatz, der vor störenden Einflüssen sicher ist.
- Ein Nest, in dem die Jungen ungefährdet aufwachsen können.
- Die Eier müssen bebrütet werden.
- Genügend Futter für die Jungen muß herangeschafft werden.

Das sind sehr viele anstrengende Aufgaben, die gemeinsam bewältigt werden müssen. Deshalb dient die Balz dazu, die Paare aufeinander einzustimmen. Suchen Sie sich einen Platz im Garten, von dem aus Sie gut »Ihre« Vögel beobachten können. Oder wählen Sie solch einen Standort im Park, im Wald, am Strand, auf einer Wiese oder am Wasser. Es ist notwendig, immer die gleiche Stelle aufzusuchen, damit Sie die Verhaltensweisen an einem Paar verfolgen können.

Erstes Anzeichen für den Beginn des Paarungsverhaltens ist der Gesang. Er bedeutet gleichzeitig eine Kampfansage an andere Männchen und Lockruf für ein noch unverpaartes Weibchen. Ist das Weibchen im Revier des Sängers angekommen, so verständigen sie sich durch bestimmte Körperhaltungen und Bewegungen, zum Beispiel durch Anlegen des Gefieders, Aufrichten der Nakkenfedern, Lüften der Flügel, Kopfwenden und Drehen. Fast immer ist das Männchen bei der ersten Begegnung noch aggressiv gestimmt. Es zeigt Droh- und Angriffsgebärden, manchmal setzt es sogar zu einer Verfolgungsjagd an. Das Weibchen beschwichtigt mit Demutsgebärden. Jede Art besitzt eigene Ausdrucksformen. Am Beispiel von zwei nahe verwandten Arten möchte ich folgend darstellen, wie groß die Unterschiede sein können.

Paarungsverhalten des Grünfinks: Mehrere Männchen sitzen auf einem Baum. Sie singen laut. Manchmal kämpfen sie. Doch meist sitzen sie einander mit aufgeplustertem Gefieder gegenüber. Flügel und Schwanz sind so ausgebreitet, daß die gelben Flügelabzeichen aufleuchten. Dabei stoßen sie langgezogene, schnurrende Laute aus.

Besonders auffällig ist der Singflug. Mit langsamen Flügelschlägen gleiten die Männchen durch die Luft und singen heftig. Ein Weibchen wird zunächst mit geöffnetem Schnabel angedroht, worauf sich dies niederhockt wie ein Jungvogel, nach Futter bettelnd den Schnabel öffnet, mit den Flügeln zittert und leise zirpt. Das Männchen würgt Nahrung aus dem Kropf hervor und füttert das Weibchen.

Paarungsverhalten des Buchfinks: Die Männchen sitzen einzeln in ihrem Revier und schmettern ihre Gesangsstrophen. Zeigt sich ein Weibchen, wird es meist in aggressiver Haltung empfangen. Es flieht, bleibt aber in der Nähe. Das Männchen nähert sich, wendet ihm die Seite zu, hält den Kopf waagerecht und den Schwanz abwärts gerichtet. Die Flügel hebt es ein wenig an, so daß die weißen Flügelkennzeichen sichtbar werden. Dann dreht es dem Weibchen die Brust zu. Trotz dieser Balzhaltung ist der

Aggressionstrieb noch stark. Es kommt immer wieder zu Angriffen. Das Weibchen flieht oder hockt sich in Unterlegenheitshaltung mit gesträubten Federn nieder.
Balzflüge: Außer dem Grünfink zeigen noch viele andere Arten Balz- und Schauflüge, zum Beispiel die Ringeltaube. Das Männchen fliegt mit laut klatschenden Flügelschlägen schräg empor und gleitet dann mit weit gespreizten Flügel- und Schwanzfedern abwärts. Auch das Jubilieren der Lerche hoch oben am blauen Himmel ist ein Balzflug. Manchmal können Sie auch den Baumpieper beobachten. Er steigt von einer Singwarte empor und schwirrt singend im Halbkreis zu einem neuen Platz. Auch Spechte zeigen zur Paarungszeit oft Schauflüge.

Anhang

Nachwort

Alle in diesem Buch beschriebenen Hilfsmaßnahmen, von der Winterfütterung bis zum vogelfreundlichen Garten, sind nutzlos, wenn es uns nicht gelingt, großflächige Lebensräume für die Tier- und Pflanzenwelt zu erhalten. Unsere anspruchsvolle Lebensweise entzieht bislang, anscheinend unaufhaltsam, der Natur diese Lebensräume. Doch es gibt auch Gegenbewegungen – Menschen, die sich mit Energie, Tatkraft, Phantasie und vielen persönlichen Opfern für die Erhaltung unserer Umwelt einsetzen. Mitarbeit und Teilnahme ist für jeden einzelnen auf verschiedene Weise möglich. Anschließend sind Adressen aufgeführt, an die Sie sich wenden und wo Sie Auskunft bekommen können.

Adressen

Es gibt zahlreiche Naturschutzverbände auf Landes-, Kreis- und Ortsebene. Falls deren Adressen Ihnen nicht bekannt sind, können Sie sich diese durch die Bundesgeschäftsstelle mitteilen lassen. Deren Adresse lautet:

Bund für Umwelt und Naturschutz
Deutschland e.V. (BUND)
Im Rheingarten 7
5300 Bonn 3

außerdem:
Deutscher Bund für Vogelschutz e.V. (DBV)
Am Hofgarten 4
5300 Bonn 1

– Anhang

Andere Adressen:

Aktionszentrum Umweltschutz Berlin
Theodor-Heuss-Platz 7
1000 Berlin 19

Deutscher Jugendbund für Naturbeobachtung (DJN)
Mühlendamm 84
2000 Hamburg

Umweltstiftung WWF-Deutschland
Hedderichstr. 110
6000 Frankfurt a. M. 70

Deutsche Umwelt-Aktion e. V.
Heinrich-Heine-Allee 23
4000 Düsseldorf 1

Weiterführende Literatur

Bestimmungsbücher

BRUUN, SINGER, KÖNIG: Der Kosmos-Vogelführer – Die Vögel Deutschlands und Europas. Franckh'sche Verlagshandlung, Stuttgart.
FRIELING, H.: Was fliegt denn da? Unsere Vögel, ihre Eier und Nester. Franckh'sche Verlagshandlung, Stuttgart.
HEINZEL, H., FITTER, R., PARSLOW, J.: Pareys Vogelbuch. Verlag Paul Parey, Hamburg und Berlin.
POTT, E.: Vögel in Wald, Park und Garten. Franckh'sche Verlagshandlung, Stuttgart.
SINGER, D.: Singvögel – alle mitteleuropäischen Singvögel. Franckh'sche Verlagshandlung, Stuttgart.
SINGER, D.: Vogeltreffpunkt Futterhaus – Vögel am Futterhaus bestimmen und sinnvoll füttern. Franckh'sche Verlagshandlung, Stuttgart.

Beobachtung von Vögeln

BEZZEL, E.: Mein Hobby: Vögel beobachten. BLV, München.
BEZZEL, E.: Mein erstes Vogelbuch. Kilda-Verlag, Greven, 1983.
HAMMOND, N., EVERETT, M.: Das Kosmosbuch der Vögel. Franckh'sche Verlagshandlung, Stuttgart.
LÖHRL, H.: Vögel am Futterplatz – Vogelverhalten im Winter beobachtet. Franckh'sche Verlagshandlung, Stuttgart.

Vogelkassetten

ROCHÉ, J. C., POTT, E.: Vogelstimmen in Wald, Park und Garten. Franckh'sche Verlagshandlung, Stuttgart.
ROCHÉ, J. C.: Die Vogelstimmen Europas – Rufe und Gesänge von 400 Vogelarten. Franckh'sche Verlagshandlung, Stuttgart.

Vogelschutz und Umweltschutz

BEZZEL, E.: Verstummen die Vögel? Bastei-Lübbe, Bergisch Gladbach.
HAAF, G.: Rettet die Natur. Praesent-Verlag, Gütersloh, 1981.
SCHULZE, A.: Vogeltips für jedermann. Ehrenwirth Verlag, 1986.
STEINBACH, G., Hrsg.: Aktion Ameise: Wir tun was. Franz Schneider Verlag 1986
STERN, H., THIELCKE, G., VESTER, F., SCHREIBER, R.: Rettet die Vögel. Verlag Herbig, München und Berlin, 1978.

Naturgarten- und Umweltbücher

BRIEMLE, H.: Naturnahe Gärten. BLV, München.
DAHL, J.: Wildpflanzen im Garten. Gräfe und Unzer, München.

Bezugsquellen

DIETERICH, P.: Der naturgemäße Garten. Verlag J. Neumann-Neudamm, Melsungen, 1982.

GUTTMANN, R.: Hausbegrünung. Franckh'sche Verlagshandlung, Stuttgart.

GUTTMANN, R.: Grün zwischen Steinen – Naturnahe Stadtgärten und Grünflächen anlegen und gestalten. Franckh'sche Verlagshandlung, Stuttgart.

JAEKEL, E.: Gärten nach der Natur. Ulmer, Stuttgart.

JOREK, N.: Leben im Naturgarten. Falken Verlag, 1982.

KLEMP, H.: Mehr Natur in Dorf und Stadt. Selbstverlag, 2333 Damendorf.

KREUTER, M.-L.: Der Bio-Garten. BLV, München.

SCHWARZ, U.: Der Naturgarten. Krüger Verlag, Frankfurt/M., 1980.

STEINBACH, G. (Hrsg.): Werkbuch Naturschutz. Franckh'sche Verlagshandlung, Stuttgart, 1988.

WILKE, H.: Der Naturteich im Garten. Gräfe und Unzer Verlag, München.

Anpflanzung von Hecken und Wildsträuchern

ALMON, G. u. a.: Arbeitsanleitung für die Anlage von Feldgehölzen, Streuobstflächen, Gras- und Krautflächen. Bezug: Hessisches Ministerium für Landesentwicklung und Umwelt, Postfach, 6200 Wiesbaden.

BOLLIGER, u. a.: Strauchgehölze. In der Reihe »Steinbachs Naturführer«. Mosaik Verlag, München.

WITT, R.: Wildsträucher in Natur und Garten. Franckh'sche Verlagshandlung, Stuttgart.

Bezugsquellen

(Im Fachhandel und Gartencenter)
Kosmos Service
Pfizerstr. 5–7
7000 Stuttgart 1

Lorenz Heckelmann & Söhne
Holz- und Kunststoffverarbeitung
Schlingenstr. 17
8736 Burkardroth-Waldfenster

Schwegler
Vogelschutzgeräte GmbH
Heinkelstraße 35
7060 Schorndorf

Register

Ammer 13
Amsel 7, 19, 66
Ansitzwarte für Mäusebussarde und andere Greifvögel 16
Aufhängen der Nistkästen 29
Aufstellen des Futterhäuschens 19
Bachstelze 39, 42
Baumläufer 11, 14, 19, 21, 23, 40
Baumläuferkasten 40
Baumpieper 50
Beobachtungen am Futterhäuschen 63
Beobachtungen am Nistkasten 63
Bestimmung der Vögel 60
Blaumeise 7, 27, 31
Brutholz 58

Buchfink 7, 50, 68
Bussard 14
Drossel 11, 13, 21, 23, 66
Eichelhäher 34, 40
Elster 34, 40
Eule 46, 50
Feldlerche 50
Feldsperling 28
Fink 21
Fitislaubsänger 28
Florfliegen 59
Freibrüter 50
Futterhäuschen, einfach 10
Futtermischung für Körnerfresser 21
Futtermischung für Weichfresser 23
Futterplatz für Eulen und Greifvögel 14
Futterplatz für Feldvögel 13
Futterstamm 13
Futterstelle für Weichfresser 13
Gartengrasmücke 50, 56
Gartenrotschwanz 27, 39
Gebirgsstelze 42
Gefiederpflege 64
Gelbspötter 50
Gimpel 21
Goldammer 27, 34, 50
Grünfink 7, 19, 68
Grünspecht 50
Grauschnäpper 39
Grauspecht 50
Höhlenbrüter 25
Habicht 14
Haubenlerche 23
Hausrotschwanz 39, 54
Hilfe für Eulen 46
Hilfe für Freibrüter 50
Hilfe für Hohltauben 46
Hilfe für Mauersegler 44
Hilfe für Schwalben 42
Hilfe für Turmfalken 45
Hilfe für Wasseramseln 42
Hohltaubenkasten 46
Hummelnest 59
Insekten, Nisthilfen 57
Kleiber 14, 21, 50
Kohlmeise 7, 19, 27, 31, 63
Krähe 40, 65
Luxusfutterhaus 11
Mäusebussard 16
Mauersegler 44
Mehlschwalbe 42
Meise 14, 19, 21, 25
Mönchsgrasmücke 28
Nahrungssuche 65
Nesträuber, Schutz vor 33
Nisthilfe für den Rauhfußkauz 47
Nisthilfe für den Steinkauz 47
Nisthilfe für den Waldkauz 47
Nisthilfe für die Schleiereule 48
Nisthilfen für Insekten 57
Nistkästen, gekaufte 28
Nistkasten für Baumläufer 40
Nistkasten für Höhlenbrüter 25
Nistkasten für Halbhöhlenbrüter 39
Nistkastenkontrolle 31
Nistkastenreinigung 32
Nisttasche 51
Ohrwürmer 59
Paarungsverhalten 67
Rauchschwalbe 34, 42
Rauhfußbussard 15
Rauhfußkauz 46, 47, 50
Reinigung 23
Revierverhalten 67
Rotkehlchen 11, 13, 21, 23, 39, 54, 66
Schlafgewohnheiten 66
Schleiereule 15, 48
Schleiereulenkasten 48
Schwalben 42
Schwarzspecht 50
Silofutterhaus 11
Spatz 7, 19, 25
Specht 13, 14, 21, 33
Sperber 15
Star 34, 65
Steinkauz 34, 47, 50
Stengelbündel 58
Sumpfmeise 27
Tannenmeise 27
Taube 66
Trinkverhalten 66
Türkentaube 7, 39
Turmfalke 14, 45
Turmfalkenkasten 45
Unterschlupf für Ohrwürmer 59
Verhaltensweisen 64
Vogelbäder 53
Vogeltränken 53
Waldkauz 47, 50
Waldohreule 14
Wasseramselkasten 42
Wasservögel 16
Winterquartier für Florfliegen 59
Zaunkönig 11, 13, 21, 23, 39, 42
Zeisig 39
Zilpzalp 50